水利工程与施工管理研究

曹仁斌　王　洋　巩伟◎著

吉林科学技术出版社

图书在版编目（CIP）数据

水利工程与施工管理研究 / 曹仁斌，王洋，巩伟著
. -- 长春 : 吉林科学技术出版社，2023.3
ISBN 978-7-5744-0175-4

Ⅰ. ①水… Ⅱ. ①曹… ②王… ③巩… Ⅲ. ①水利工程－施工管理－研究 Ⅳ. ①TV512

中国国家版本馆 CIP 数据核字(2023)第 056433 号

水利工程与施工管理研究

著　曹仁斌　王　洋　巩　伟
出 版 人　宛　霞
责任编辑　管思梦
幅面尺寸　185mm×260mm　1/16
字　　数　248 千字
印　　张　11
版　　次　2023 年 3 月第 1 版
印　　次　2023 年 3 月第 1 次印刷

出　　版　吉林科学技术出版社
发　　行　吉林科学技术出版社
地　　址　长春市净月区福祉大路 5788 号
邮　　编　130118
发行部电话/传真　0431-81629529　81629530　81629531
81629532　81629533　81629534
储运部电话　0431-86059116
编辑部电话　0431-81629518
印　　刷　北京四海锦诚印刷技术有限公司

书　　号　ISBN 978-7-5744-0175-4
定　　价　70.00 元

前言

水是国民经济的命脉，也是人类发展的命脉。水利建设关乎国计民生，是很重要的基础建设。以世界排名第一的三峡水利枢纽工程为标志，我国水利工程建设取得了巨大的成就。当前，我国水利工程建设正处在高潮，规模之大，矛盾之多，技术之难，举世瞩目；经济可持续发展与生态环境保护的责任，任重道远；人与社会与自然的和谐共处，需要大家共同努力。

与此同时，随着水利基本建设项目得到国家的高度重视，水利工程建设进入高峰，而水利工程技术人员的数量及质量远远满足不了要求，特别是中小型水利工程现场实际工程负责人的管理和技术水平较低，工程质量、安全状况堪忧。为了提高施工现场负责人的合同、安全、环境、质量意识，结合施工过程中的常见问题，作者编写了本书。

水利工程施工是按照设计提出的工程结构、数量、质量及环境保护等要求，研究从技术、工艺、材料装备、组织和管理等方面采取相应施工方法和技术措施，以确保工程建设质量，经济、快速地实现设计要求的一门独立学科。本书围绕水利工程与施工管理展开论述，以水利工程及其类别划分、水利工程施工的组织设计、水利工程管理的促进作用为切入点，探究水利工程施工的技术、水利工程施工的组织管理、水利工程施工的控制管理、水利工程施工的文明安全管理、水利工程施工中生态环境的保护与发展。本书条理清晰，重点突出，语言简洁，有理论，有实践，确保内容的完整性和系统性，可供从事水利工程的相关人员参考，具有一定的借鉴价值。

本书在编写过程中参考了大量的教材、专著和其他资料，在此谨向这些文献的作者以及所有关心、支持本书编写的人员表示衷心的感谢！由于时间仓促，编者水平有限，缺点和错误在所难免，恳请广大读者批评指正。

编　者

2023 年 2 月

目录

第一章 水利工程与管理概论

水利工程管理综合性强，涉及面广，几乎与国民经济各个部门均有关系，应当全面考虑防洪、治涝、灌溉、发电、工业与民用供水、航运、水产等各方面的需要，在确保安全的前提下，统筹兼顾兴利与除害的关系，上游与下游的关系，近期与远景的关系，充分发挥工程的综合效益。管理工作从工程设计和施工时就要进行考虑，如预置观测仪器，严格评定工程质量，详细做好施工记录及各部分验收结果，等等。管理人员应了解施工过程和工程质量情况，并及时组织观测工作，竣工时进行全面、仔细的验收。水利工程管理是一项政策性很强的工作，必须依靠群众，做好群众工作，坚决贯彻执行党和国家制定的各项方针政策，认真贯彻水利工程管理方面的法规和指令。①

第一节　水利工程及其类别划分

一、水利工程的含义

水利工程是为控制和调配自然界的地表水及地下水，达到兴利除害的目的而修建的工程，也称为水工程。水是人类生产和生活必不可少的宝贵资源，但其自然存在的状态并不完全符合人类的需要。因此，只有修建水利工程，控制水流，防止洪涝灾害，并进行水量的调节和分配，才能满足人们对水资源的需要。水利工程需要修建坝、堤、溢洪道、水

① 温随群．水利工程管理［M］．北京：中央广播电视大学出版社，2002.

闸、进水口、渠道、渡槽、筏道、鱼道等不同类型的水工建筑物，以实现其目标。

水利工程施工与一般土木工程，如道路、铁路、桥梁和房屋建筑等的施工有许多相同之处。例如，主要施工对象多为土方、石方、混凝土、金属结构和机电设备安装等项目，某些施工方法相同，某些施工机械可以通用，某些施工的组织管理工作也可互为借鉴。

水利工程施工的特点如下：

1. 水利工程施工常在河流上进行，受水文、气象、地形、地质等因素影响很大。

2. 河流上修建的挡水建筑物，关系着下游千百万人民的生命财产安全，因此，工程施工必须保证施工质量。

3. 在河流上修建水利工程，常涉及许多部门的利益，必须全面规划、统筹兼顾，因而增加了施工的复杂性。

4. 水利工程一般位于交通不便的山区，施工准备工作量大，不仅要修建场内外交通道路和为施工服务的辅助企业，而且要修建办公室和生活用房。因此，必须十分重视施工准备工作的组织，使之既满足施工要求又减少工程投资。

5. 水利水电枢纽工程常由许多单项工程所组成，布置集中、工程量大、工种多、施工强度高，加上地形方面的限制，容易发生施工干扰。因此，需要重视统筹规划现场施工的组织和管理，运用系统工程学的原理，因时因地地选择最优的施工方案。

6. 水利工程施工过程中爆破作业、地下作业、水上水下作业和高空作业等，常常平行交叉进行，对施工安全很不利。因此，必须十分注意安全施工，防止事故的发生。

二、我国水利工程的分类

水利工程的分类可以有两种方式：从功能和投资进行分类。

（一）按照工程功能或服务对象分类

按照工程功能或服务对象分类，水利工程可分为以下六大类：

1. 防洪工程：防止洪水灾害的防洪工程。

2. 农业生产水利工程：为农业、渔业服务的水利工程总称，具体包括以下几类：

（1）农田水利工程：防止旱、涝、渍灾，为农业生产服务的农田水利工程（或称灌溉和排水工程）。

（2）渔业水利工程：保护和增进渔业生产的渔业水利工程。

（3）海涂围垦工程：围海造田，满足工农业生产或交通运输需要的海涂围垦工程等。

3. 水力发电工程：将水能转化为电能的水力发电工程。

4. 航道和港口工程：改善和创建航运条件的航道和港口工程。

5. 供（排）水工程：为工业和生活用水服务，并处理和排除污水和雨水的城镇供水和排水工程。

6. 环境水利工程：防止水土流失和水质污染，维护生态平衡的水土保持工程和环境水利工程。

一项水利工程同时为防洪、灌溉、发电、航运等多种目标服务的，称为综合利用水利工程。

（二）按照水利工程投资主体的不同性质分类

1. 中央政府投资的水利工程

这种投资也称为国有工程项目。这样的水利工程一般都是跨地区、跨流域，建设周期长、投资数额巨大，对社会和群众的影响范围广大而深远，在国民经济的投资中占有一定比重，其产生的社会效益和经济效益也非常明显。如黄河小浪底水利枢纽工程、长江三峡水利枢纽工程、南水北调工程等。

2. 地方政府投资兴建的水利工程

有一些水利工程是地方政府投资的，也属国有性质，仅限于小流域、小范围的中型水利工程，但其作用并不小，在当地发挥的作用相当大，不可忽视。也有一部分是国家投资兴建的，之后又交给地方管理的项目，这也属于地方管辖的水利工程，如陆浑水库、尖岗水库等。

3. 集体兴建的水利工程

这还是计划经济时期大集体兴建的项目，由于农村经济体制改革，又加上长年疏于管理，这些工程有的已经废弃，有的处于半废状态，只有一小部分还在发挥着作用。其实大大小小、星罗棋布的小型水利设施，仍在防洪抗旱方面发挥着不小的作用。例如，以前修的引黄干渠，农闲季节开挖的排水小河、水沟等。

4. 个体兴建的水利工程

这是在改革开放之后，特别是在 20 世纪 90 年代之后才出现的。这种工程虽然不大，但一经出现便表现出很强的生命力，既有防洪、灌溉功能，又有恢复生态的功能，还有旅游观光的功能，工程项目管理得也好，这正是我们局部地区应当提倡和兴建的水利工程。但是，政府在这方面要加强宏观调控，防止盲目重复上马。

第二节 水利工程施工的组织设计

一、施工组织设计的作用

施工组织设计是水利工程设计文件的重要组成部分，是编制工程投资估算、总概算和招投标文件的重要依据，是工程建设和施工管理的指导性文件。认真做好施工组织设计，对正确选定坝址坝型、枢纽布置、优化整体设计方案、合理组织施工、保证工程质量、缩短建设周期、降低工程造价都有十分重要的作用。

水利工程建设规模大、涉及专业多、牵涉范围广，面临洪水的威胁和受到某些不利的地质、地形条件的影响，施工条件往往较其他工程要复杂困难得多，因此，施工组织设计工作就显得更为重要。目前，国家基本建设体制已由过去的计划经济内包方式，改为市场经济招标承包方式，对施工组织设计的质量、水平、效益的要求也越来越高。在编制招标文件阶段，施工组织设计是确定标底和评标的技术依据，其质量的好坏直接关系到能否选定合适的承包单位和提高工程效益等问题。投标单位在投标时如想在竞争中取胜，也必须做好施工组织设计，才能提出合适的有竞争性的报价。

设计概算是初步设计文件的重要组成部分。概算批准后，即成为确定和控制基本建设投资、编制基本建设计划、编制招标的标底、考核工程造价和验核工程经济合理性的依据。

二、施工组织设计的分类

施工组织设计是一个总的概念，根据工程项目的编制阶段、编制对象或范围的不同，施工组织设计在编制的深度和广度上也有所不同。

（一）按工程项目编制阶段分类

根据工程项目建设设计阶段和作用的不同，可以将施工组织设计分为设计阶段施工组织设计、招投标阶段施工组织设计、施工阶段施工组织设计。

1. 设计阶段施工组织设计

这里所说的设计阶段主要是指设计阶段中的初步设计。在做初步设计时，采用的设计方案，必然联系到施工方法和施工组织，不同的施工组织所涉及的施工方案是不一样的，所需投资也就不一样。

设计阶段的施工组织设计是整个项目的全面施工安排和组织，涉及范围是整个项目，内容要重点突出，施工方法拟定要经济可行。

施工招投标阶段的施工组织设计主要有施工企业技术部门负责编写。这一阶段的施工组织设计是投标文件的重要组成部分，也是投标报价的基础。投标者以招标文件作为主要依据，以在投标竞争中取胜为主要目的。

2. 招投标阶段施工组织设计

水利水电工程施工投标文件一般由技术标和商务标组成，其中的技术标的就是施工组织设计部分。

这一阶段的施工组织设计是投标者以招标文件为主要依据，是投标文件的重要组成部分，也是投标报价的基础，以在投标竞争中取胜为主要目的。施工招投标阶段的施工组织设计主要由施工企业技术部门负责编写。

3. 施工阶段的施工组织设计

施工企业通过竞争，取得对工程项目施工建设权，从而也就承担了对工程项目的建设责任，这个建设责任，主要是在规定的时间内，按照双方合同规定的质量、进度、投资、安全等要求完成建设任务。这一阶段的施工组织设计，主要以分部工程为编制对象，以指导施工，控制质量、控制进度、控制投资，从而顺利完成施工任务为主要目的。施工阶段的施工组织设计，是对前一阶段施工组织设计的补充和细化，主要由施工企业项目经理部技术人员负责编写，以项目经理为批准人，并监督执行。

（二）按工程项目编制的对象分类

按工程项目编制的对象，可分为施工组织总设计、单位工程施工组织设计及分部（分项）工程施工组织设计。

1. 施工组织总设计

施工组织总设计是以整个建设项目为对象编制的，用以指导整个工程项目施工全过程的各项施工活动的全局性、控制性文件。它是对整个建设项目施工的全面规划，涉及范围较广，内容比较概括。

施工组织总设计用于确定建设总工期、各单位工程项目开展的顺序及工期、主要工程的施工方案、各种物资的供需设计、全工地临时工程及准备工作的总体布置、施工现场的布置等工作，同时也是施工单位编制年度施工计划和单位工程项目施工组织设计的依据。

2. 单位工程施工组织设计

单位工程施工组织设计是以一个单位工程（一个建筑或构筑物）为编制对象，用以指导其施工全过程的各项施工活动的指导性文件，是施工单位年度施工设计和施工组织总设计的具体化，也是施工单位编制作业计划和制订、季月、旬施工计划的依据。单位工程施工组织设计一般在施工图设计完成后，根据工程规模、技术复杂程度的不同，其编制内容的深度和广度亦有所不同。对于简单单位工程，施工组织设计一般只编制施工方案并附以施工进度和施工平面图，即“一案、一图、一表”。在拟建工程开工之前，由工程项目的技术负责人负责编制。

3. 分部（分项）工程施工组织设计

分部（分项）工程施工组织设计也叫分部（分项）工程施工作业设计。它是以分部（分项）工程为编制对象，用以具体实施其分部（分项）工程施工全过程的各项施工活动的技术、经济和组织的实施性文件。一般在单位工程施工组织设计确定了施工方案后，由施工队（组）技术人员负责编制，其内容具体、详细、可操作性强，是直接指导分部（分项）工程施工的依据。施工组织总设计、单位工程施工组织设计和分部（分项）工程施工组织设计，是同一工程项目不同广度、深度和作用的三个层次。

三、施工组织设计编制原则与要求

（一）施工组织设计的编制资料

1. 可行性研究报告施工部分须收集的基本资料

可行性研究报告施工部分须收集的基本资料包括：

（1）可行性研究报告阶段的水工及机电设计成果；

（2）工程建设地点的对外交通现状及近期发展规划；

（3）工程建设地点及附近可能提供的施工场地情况；

（4）工程建设地点的水文气象资料；

（5）施工期（包括初期蓄水期）通航、过木、下游用水等要求；

（6）建筑材料的来源和供应条件调查资料；

（7）施工区水源、电源情况及供应条件；

（8）各部门对工程建设期的要求及意见。

2. 初步设计阶段施工组织设计须补充收集的基本资料

初步设计阶段施工组织设计须补充收集的基本资料包括：

（1）可行性研究报告及可行性研究阶段收集的基本资料；

（2）初步设计阶段的水工及机电设计成果；

（3）进一步调查落实可行性研究阶段收集的（2）～（7）项资料；

（4）当地可能提供的修理、加工能力情况；

（5）当地承包市场的情况，当地可能提供的劳动力情况；

（6）当地可能提供的生活必需品的供应情况，居民的生活习惯；

（7）工程所在河段的洪水特性、各种频率的流量及洪量、水位与流量的关系、冬季冰凌的情况（北方河流）、施工区各支沟各种频率的洪水和泥石流，以及上下游水利工程对本工程的影响情况；

（8）工程地点的地形、地貌、水文地质条件，以及气温、水温、地温、降水、风、冻层、冰情和雾的特性资料。

3. 技施阶段施工规划须进一步收集的基本资料

技施阶段施工规划须进一步收集的基本资料包括：

（1）初步设计中的施工组织总设计文件及初步设计阶段收集到的基本资料。

（2）技施阶段的水工及机电设计资料与成果。

（3）进一步收集的国内基础资料和市场资料，主要内容包括：工程开发地区的自然条件、社会经济条件、卫生医疗条件、生活与生产供应条件、动力供应条件、通信及内外交通条件等；国内市场可能提供的物资供应条件及技术规格、技术标准；国内市场可能提供的生产、生活服务条件；劳务供应条件、劳务技术标准与供应渠道；工程开发项目所涉及的有关法律、规定；上级主管部门或业主单位对开发项目的有关指示；项目资金来源、组成及分配情况；项目贷款银行（或机构）对贷款项目的有关指导性文件；技术设计中有关地质、测量、建材、水文、气象、科研、实验等资料与成果；有关设备订货资料与信息；国内承包市场有关技术、经济动态与信息。

（4）补充收集的国外基础资料与市场信息（国际招标工程需要），主要内容包括：国际承包市场同类型工程技术水平与主要承包商的基本情况；国际承包市场同类型工程的商业动态与经济动态；工程开发项目所涉及的物资、设备供货厂商的基本情况；海外运输条件与保险业务情况；工程开发项目所涉及的有关国家政策、法律、规定；由国外机构进行的有关设计、科研、实验、订货等资料与成果。

（二）施工组织设计文件编制的原则

1. 执行国家有关方针政策，严格执行国家基建程序和有关技术标准、规程规范，并符合国内招标、投标规定和国际招标、投标惯例。

2. 结合国情积极开发和推广新技术、新材料、新工艺和新设备，凡经实践证明技术经济效益显著的科研成果，应尽量采用，努力提高技术效益和经济效益。

3. 统筹安排，综合平衡，妥善协调各分部（分项）工程，达到均衡施工。

4. 结合实际，因地制宜。

（三）施工组织设计文件编制要求

水利工程设计阶段一般划分为：可行性研究、初步设计和施工详图阶段。各阶段的施工组织设计的内容、设计深度，应根据其任务要求而定。

1. 可行性研究阶段施工组织设计编制要求：初选施工导流方式、导流建筑物型式与布置；初选主体工程的主要施工方法、施工总布置；基本选定对外交通运输方案和场内主要交通干线的布置，估算施工占地；提出控制性工期和分期实施意见，估列主要建筑材料和劳动力。

2. 初步设计阶段施工组织设计编制要求：选定施工导流方案，说明主要建筑物施工方法及主要施工设备；选定施工总布置、总进度及对外交通方案；提出天然（或人工）建筑材料、劳动力、供水、供电需要量及其来源。

初步设计批准后进行招标设计，编制招标文件等。

3. 施工详图阶段施工组织设计编制要求：在批准的初步设计基础上，根据进一步取得的基本资料和市场信息，进一步优化和加深设计。

四、施工组织设计工作的依据

施工组织设计要认真贯彻国家经济建设方针，设计工作必须依据以下各项进行：

1. 可行性研究报告及审批意见、设计任务书、上级单位对本工程建设的要求或批件。

2. 工程所在地区有关基本建设的法规或条例、地方政府对本工程建设的要求。

3. 国民经济各有关部门（铁道、交通、林业、灌排、旅游、环保、文物、城乡供水等）对本工程建设期间有关要求及协议。

4. 当前水利工程建设的施工装备、管理水平和技术特点。

5. 工程所在地区和河流的自然条件（地形、地质、水文、气象特征和当地建材情况等）、施工电源、水源及水质、交通、环保、旅游、防洪、灌溉排水、航运、过木、供水等现状和近期发展规划。

6. 当地城镇现有修配、加工能力，生活、生产物资和劳动力供应条件，居民生活、卫生习惯等。

7. 施工导流及通航过木等水工模型试验、各种材料试验、混凝土配合比试验、重要结构模型试验、岩土物理力学试验等成果。

8. 工程有关工艺试验或生产性试验成果。

9. 勘测、设计各专业有关成果。

五、施工组织设计的主要步骤和内容

施工组织设计在初步设计阶段所要求的内容最为全面，各专业之间的设计联系最为密切，这就要特别加强工序管理。下面主要阐述在初步设计阶段的编制步骤和主要内容。

（一）施工组织设计的工作步骤

1. 根据枢纽布置方案，分析研究坝址施工条件，进行导流设计和施工总进度的安排。与此同时，可对施工技术、辅助企业等进行研究考察。导流、枢纽布置和水工结构密切相关，相互影响，相辅相成，因此，往往要经过多次反复，才能取得较好的设计成果。施工总进度是各专业设计工作的重要依据之一，应结合导流方案的选定，尽快编制出控制性进度表。

2. 在提出控制性进度之后，各专业根据该进度提供的指标进行设计，并为下一道工序提供相关资料。单项工程进度是施工总进度的组成部分，与施工总进度之间是局部与整体的关系，其进度安排不能脱离总进度的指导，同时，它又是编制施工总进度的基础和依据。通过单项工程施工方法研究，落实单项工程进度后，才能验证施工总进度是否合理可行，从而为调整、完善施工总进度提供依据。

3. 施工总进度优化后，计算提出分年度的劳动力需要量、最高人数和总劳动力量，计算主要建筑材料总量及分年度供应量、主要施工机械设备需要总量及分年度供应数量。

（二）施工组织设计的主要内容

1. 施工导流

施工导流是水利枢纽总体设计的重要组成部分，是选定枢纽布置、永久建筑物型式、施工程序和施工总进度的重要因素。设计中应充分掌握基本资料，全面分析各种因素，做好方案比较，从中选择最优方案，使工程建设达到缩短工期、节省投资的目的。施工导流贯穿工程施工全过程，导流设计要妥善解决从初期导流到后期导流（包括围堰挡水、坝体临时挡水、封堵导流泄水建筑物和水库蓄水）施工全过程的挡、泄水问题。各期导流特点和相互关系宜进行系统分析，全面规划，统筹安排，运用风险度分析的方法，处理洪水与施工的矛盾，务求导流方案经济合理、安全可靠。

导流泄水建筑物的泄水能力要通过水力计算，以确定断面尺寸和围堰高度。有关的技术问题，应通过水工模型试验分析验证。导流建筑物能与永久建筑物结合的应尽可能结合。

导流底孔布置与水工建筑物关系密切，有时为了考虑导流需要，选择永久泄水建筑物的断面尺寸、布置高程时，须结合研究导流要求，以获得经济合理的方案。

大中型水利枢纽一般均优先研究分期导流的可能性和合理性。因枢纽工程量大，工期较长，分期导流有利于提前收益，且对施工期通航影响较小。对于山区性河流，洪枯水位变幅大，可采取过水围堰配合其他泄水建筑物的导流方式。

围堰型式的选择要安全可靠，结构简单，并能充分利用当地材料。

截流是大中型水利工程施工中的重要环节。设计方案必须稳妥可靠，保证截流成功。选择截流方式应充分分析水力学参数、施工条件和施工难度、抛投物数量和性质，并进行技术经济比较。

2. 施工总进度

编制施工总进度时，应根据国民经济发展需要，采取积极有效的措施满足主管部门或业主对施工总工期提出的要求，应综合反映工程建设各阶段的主要施工项目及其进度安排，并充分体现总工期的目标要求。

编制施工总进度的原则如下：

（1）严格执行基本建设程序，遵守国家政策、法令和有关规程规范。

（2）力求缩短工程建设周期，对控制工程总工期或受洪水威胁的工程和关键项目应重点研究，采取有准备的技术和安全措施。

（3）各项目施工程序前后兼顾、衔接合理、减少干扰、均衡施工。

（4）采用平均先进指标，对复杂地基或受洪水制约的工程宜适当留有余地。

工程建设施工阶段的划分如下：

（1）工程筹建期。工程正式开工前由业主单位负责筹建对外交通、施工用电、通信、移民以及招标、评标、签约等工作，为承包单位进场开工创造条件。

（2）工程准备期。准备工程开工起至河床基坑开挖或主体工程开工前的工期。必要的准备工程一般包括：场地平整、场内交通、导流工程、临建房屋和施工工场等。

（3）主体工程施工期。一般从河床基坑开挖或从引水道或厂房开工起，至第一台机组发电或工程开始受益为止的工期。

（4）工程完建期。自水电站第一台机组投入运行或工程开始受益起，至工程竣工止的工期。

工程施工总工期为工程准备期、主体工程施工期和工程完建期三者之和。工程筹建期不计入总工期。

并非所有工程的四个建设阶段都能截然分开，某些工程的相邻两个阶段工作也可交替进行。

在水工、施工导流方案选定后，分析某些项目工期提前或推后对总工期的影响，做出施工总进度的比较方案。确定各方案的工程量，施工强度，分年度投资、物资、劳动力，分期移民情况和实现各方案所必须具备的其他条件等，优选出工期短、投资省、效益高、技术先进、资源需求较平衡的施工总进度方案。

施工总进度的表示形式可根据工程情况绘制横道图和网络图。横道图具有简单、直观等优点；网络图可从大量工程项目中标出控制总工期的关键路线，便于反馈、优化。

3. 主体工程施工

研究主体工程施工是为了正确选择水工枢纽布置和建筑物型式，保证工程质量与施工安全，论证施工总进度的合理性和可行性，并为编制工程概算提供资料。其主要内容有：

（1）确定主要单项工程施工方案及其施工程序、施工方法、施工布置和施工工艺。

（2）根据总进度要求，安排主要单项工程施工进度及相应的施工强度。

（3）计算所需的主要材料、劳动力数量、编制需用计划。

（4）确定所需的大型施工辅助企业规模、布置和型式。

（5）协同施工总布置和总进度，平衡整个工程的土石方、施工强度、材料、设备和劳动力。

4. 施工交通运输

施工交通运输包括对外交通和场内交通两部分。

（1）对外交通是指联系施工工地与国家或地方公路、铁路车站、水运港口之间的交通，担负着施工期间外来物资的运输任务。主要工作有：

①计算外来物资、设备的运输总量、分年度运输量与年平均昼夜运输强度。

②选择对外交通方式及线路。提出选定方案的线路标准，重大部件运输措施，桥涵、码头、仓库、转运站等主要建筑物的规划与布置，水陆联运及与国家干线的连接方案，对外交通工程进度安排，等等。

（2）场内交通是指联系施工工地内部各工区、当地材料产地、堆渣场、各生产区、生活区之间的交通。场内交通须选定场内主要道路及各种设施布置、标准和规模。须与对外交通衔接。

原则上，对外交通和场内交通干线、码头、转运站等，由业主组织建设。至各作业场或工作面的支线，由辖区承包商自行建设。场内外施工道路、专用铁路及航运码头的建设，一般应按照合同提前组织施工，以保证后续工程尽早具备开工条件。

5. 施工工厂设施

为施工服务的施工工厂设施主要有：砂石加工、混凝土生产、压气、供水、供电、通信、机械修配及加工等。其任务是制备施工所需的建筑材料，供水、供电和压气，建立工地内外通信联系，维修和保养施工设备，加工制造少量的非标准件和金属结构，使工程施工能顺利进行。

（1）施工工厂规划布置原则

①施工工厂设施规模的确定，应考虑研究利用当地的工矿企业进行生产和技术协作。

②厂址宜靠近服务对象和用户中心，设于交通运输和水电供应方便处，力求避免物资逆向运输。

③生活区应与生产区分开。协作关系密切的施工工厂宜集中布置。集中布置和分散布置的距离均应满足防火、安全、卫生和环保要求。

（2）砂石加工系统

①通过分析比较选定料场，确定料场的开采、运输、堆存、筛洗加工、废料处理、设备选择、工艺布置方案等。

②拟定系统的生产规模、布置和主要建筑物结构型式，进行规划性设计。提出土建工程量和所需主要设备等。

（3）混凝土生产系统

①选定混凝土搅拌系统布置、生产能力与主要设备及出料方式等。

②比较并选定生产工艺布置方案（包括混凝土搅拌及制冷系统）。提出选定方案的工艺布置设计，对制冷及加工系统等应提出必要的容量、技术和进度要求。

（4）风、水、电及通信系统

①确定压缩空气的最高负荷。选定供风系统规模与分区供风规划、压气厂及主要管线布置。提出压气厂建筑面积及所需主要设备。

②确定生产和生活用水规模，选择水源，进行给水工程设计和系统布置，提出工程量所需主要设备和管材等。

③确定施工用电最高负荷。估算各年用电量。选定电源、电压及输变电方案、工地发电厂（包括备用电源）及变电站规模和位置。提出场地及建筑面积、工程量及所需主要设备。

④选择对外通信方式。提出线路规划、汛期预报通信系统规划和所需的主要设备等。

（5）机械修配、加工厂

①根据所需主要施工机械、运输设备、金属构件等种类及数量，提出修配、加工能力。

②选择机械、汽车修配厂、综合加工厂（包括钢筋、木材、混凝土预制构件加工）及其他辅助企业（如钢管加工、制氧、机械、车辆保养场等）的厂址，确定平面布置和生产规模，选定场地和生产建筑面积，提出建厂土建安装工程量和修配加工的主要设备，等等。

6. 施工总布置

施工总布置方案应遵循因地制宜、因时制宜、有利生产、方便生活、易于管理、安全可靠、经济合理的原则，经全面系统比较分析论证后选定。

施工总布置一般按以下分区：

（1）主体工程施工区。

（2）施工工厂区。

（3）当地建材开采区。

（4）仓库、站、场、厂、码头等储运系统。

（5）机电、金属结构和大型施工机械设备安装场地。

（6）工程弃料堆放区。

（7）施工管理中心及各施工工区。

（8）生活福利区。

施工分区规划布置有以下原则：

（1）以混凝土建筑物为主的枢纽工程，施工区布置宜以砂石料开采、加工、混凝土拌和、运输、浇筑系统为主；以当地材料坝为主的枢纽工程，施工区布置宜以土石料采挖、加工、堆料场和上坝运输线路为主，使枢纽工程施工形成最优工艺流程。

（2）机电设备、金属结构安装场地宜靠近主要安装地点。

（3）施工管理中心设在主体工程、施工工厂和仓库区的适中地段，各施工区应靠近其施工对象。

（4）生活福利设施应考虑风向、日照、噪声、绿化、水源、水质等因素，其生产、生活设施应有明显界限。

（5）主要施工物资仓库、站场、转运站等储运系统一般布置在场内外交通衔接处。

（6）特种材料仓库（炸药、雷管、油料等）应根据有关安全规程的要求布置。

施工总布置各分区方案选定后布置在 1∶2000 地形图上，并提出各类房屋建筑面积、施工征地面积等指标。

第三节　水利工程管理的促进作用

一、水利工程管理对国民经济发展的推动作用

大规模水利工程建设可以取得良好的社会效益和经济效益，为经济发展和人民安居乐业提供基本保障，为国民经济健康发展提供有力支撑，水利工程是国民经济的基础性产业。大型水利工程是具有综合功能的工程，它具有巨大的防洪、发电、航运功能和一定的旅游、水产、引水和排涝等效益。它的建设对我国的华中、华东、西南三大地区的经济发展，促进相关区域的经济社会发展，具有重要的战略意义，对我国经济发展可产生深远的影响。大型水利工程将促进沿途城镇的合理布局与调整，使沿江原有城市规模扩大，促进新城镇的建立和发展、农村人口向城镇转移，使城镇人口上升，加快城镇化建设的进程。

同时，科学的水利工程管理也与农业发展密切相关。而农业是国民经济的基础，建立起稳固的农业基础，首先要着力改善农业生产条件，促进农业发展。水利是农业的命脉，重点建设农田水利工程，优先发展农田灌溉是必然的选择。正是新中国成立之后的大规模农田水利建设，为我国粮食产量超过万亿斤，实现“十连增”奠定了基础。农田水利还为国家粮食安全保障做出了巨大贡献，巩固了农业在国民经济中的基础地位，从而保证国民经济能够长期持续地健康发展以及社会的稳定和进步。经济发展和人民生活的改善都离不开水，水利工程为城乡经济发展、人民生活改善提供了必要的保障条件。科学的水利工程管理又为水利工程的完备建设提供了保障。

我国水利工程管理对国民经济发展的推动作用主要体现在如下两方面：

（一）对转变经济发展方式和可持续发展的推动作用

水利工程是我国全面建成小康社会和基本实现现代化宏伟战略目标的命脉、基础和安全保障。在传统的水利工程模式下，单纯依靠兴修工程防御洪水，依靠增加供水满足国民经济发展对于水的需求，这种通过消耗资源换取增长、牺牲环境谋取发展的方式，是一种粗放、扩张、外延型的增长方式。这种增长方式在支撑国民经济快速发展的同时，也付出了资源枯竭、环境污染、生态破坏的沉重代价，因而是不可持续的。

面对新的形势和任务，科学的水利工程管理有利于制定合理规范的水资源利用方式。科学的水利工程管理有利于我国经济发展方式从粗放、外延型转变为集约、内涵型。且我国水利工程管理有利于开源节流、全面推进节水型社会建设，调节不合理需求，提高用水

效率和效益，进而保障水资源的可持续利用与国民经济的可持续发展。

再者其以提高水资源产出效率为目标，降低万元工业增加值用水量，提高工业水重复利用率，发展循环经济，为现代产业提供支撑。

（二）对农业生产和农民生活水平提高的促进作用

水利工程管理是促进农业生产发展、提高农业综合生产能力的基本条件。农业是第一产业，民以食为天，农村生产的发展首先是以粮食为中心的农业综合生产能力的发展，而农业综合生产能力提高的关键在于农业水利工程的建设和管理，在一些地区农业水利工程管理十分落后，重建设轻管理，已经成为农业发展的瓶颈。另外，加强农业水利工程管理有利于提高农民生活水平与质量。社会主义新农村建设的一个十分重要的目标就是增加农民收入，提高农民生活水平，而加强农村水利工程等基础设施建设和管理成为基本条件。如可以通过农村饮水工程保障农民饮水安全，通过供水工程的有效管理，可以带动农村环境卫生和个人条件的改善，降低各种流行疾病的发病率。

水利工程在国民经济发展中具有极其重要的作用，科学的水利工程管理会带动很多相关产业的发展。如农业灌溉、养殖、航运、发电等。水利工程使人类生生不息，且促进了社会文明的前进。从一定程度上讲，水利工程推动了现代产业的发展，若缺失了水利工程，也许社会就会停滞不前，人类的文明也将受到挑战。而科学的水利工程管理可推动各产业的发展。

二、水利工程管理对社会发展的推动作用

随着工业化和城镇化的不断发展，科学的水利工程管理有利于增强防灾减灾能力，强化水资源节约保护工作，扭转听天由命的水资源利用局面，进而推动社会的发展。

（一）对社会稳定的作用

水利工程管理有利于构建科学的防洪体系，而科学的防洪体系可减轻洪水的灾害，保障人民生命财产安全和社会稳定。全国的主要江河初步形成了以堤防、河道整治、水库、蓄滞洪区等为主的工程防洪体系，在抗御历年发生的洪水中发挥了重要作用，有利于社会稳定。

（二）对和谐社会建设的推动作用

水利工程发展与和谐社会建设具有十分密切的关系，水利工程发展是和谐社会建设的

重要基础和有力支撑，有助于推动和谐社会建设。

水利工程管理对和谐社会建设的作用可以概括如下：

第一，水利工程管理通过改变供电方式有利于经济、生态等多方面和谐发展。

第二，水利工程管理有助于保护生态环境，促进旅游等第三产业发展。

第三，水利工程管理具有多种附加值，有利于推动航运等相关产业发展。

三、水利工程管理对生态文明的促进作用

生态文明是人类文明的一种形态，它以尊重和维护自然为前提，以人与人、人与自然、人与社会和谐共生为宗旨，以建立可持续的生产方式和消费方式为内涵，以引导人们走上持续、和谐的发展道路为着眼点。

科学的水利工程管理可以转变传统的水利工程活动运转模式，使水利工程活动更加科学有序，同时促进生态文明建设。若没有科学的水利工程理念做指导，水利工程会对水生态系统造成某种胁迫，如水利工程会造成河流形态的均一化和不连续化，引起生物群落多样性水平下降。但科学合理的水利工程管理有助于减少这一现象的发生，尽量避免或减少水利工程所引起的一些后果。

科学的水利工程管理对生态文明的促进作用主要体现在以下几方面：

（一）对资源节约的促进作用

节约资源是保护生态环境的根本之策。转变资源利用方式，推动资源高效利用，是节约利用资源的根本途径。要通过科技创新和技术进步深入挖掘资源利用效率，促进资源利用效率不断提升，真正实现资源高效利用，努力用最小的资源消耗支撑经济社会发展。科学的水利工程管理，有助于完善水资源管理制度，加强水源地保护和用水总量管理，加强用水总量控制和定额管理，制订和完善江河流域水量分配方案，推进水循环利用，建设节水型社会。科学的水利工程管理，可以促进水资源的高效利用，减少资源消耗。

（二）对环境保护的促进作用

水环境恶化，严重影响了我国经济社会的可持续发展。而科学的水利工程管理可以促进淡水资源的科学利用，加强水资源的保护，对环境保护起到促进性的作用。水利是现代化建设不可或缺的首要条件，是经济社会发展不可替代的基础支撑，当然也是生态环境改善不可分割的保障系统，具有很强的公益性、基础性、战略性。

科学的水利工程管理可对地区的气候施加影响，因时制宜，因地制宜，利于水土保

持。而水土保持是生态建设的重要环节，也是资源开发和经济建设的基础工程，科学的水利工程管理，可以快速控制水土流失，提高水资源利用率，通过促进退耕还林还草及封禁保护，加快生态自我修复，实现生态环境的良性循环，改善生产、生活和交通条件，为开发创造良好的建设环境，对于环境保护具有重要的促进作用。

（三）对农村生态环境改善的促进作用

促进生态文明是现代社会发展的基本诉求之一，建设社会主义新农村也要实现村容整洁，就必须加强农业水利工程建设，统筹考虑水资源利用、水土流失与污染等一系列问题及防治措施，实现保护和改善农村生态环境的目的。水利工程管理对农村生态环境改善的促进作用可以具体归纳为以下几点：①解决旱涝灾害；②改善局部生态环境；③优化水文环境。

四、水利工程管理对工程科技体系的影响和推动作用

工程科技与人类生存息息相关。工程科技是改变世界的重要力量，它源于生活需要，又归于生活之中。当今世界，科学技术作为第一生产力的作用愈益凸显，工程科技进步和创新对经济社会发展的主导作用更加突出。

古往今来，人类创造了无数令人惊叹的工程科技成果。近代以来，工程科技更直接地把科学发现同产业发展联系在一起，成为经济社会发展的主要驱动力。工程科技的每一次重大突破，都会催发社会生产力的深刻变革，都会推动人类文明迈向新的更高台阶。

中华人民共和国成立以来，中国大力推进工程科技发展，建立起独立的、比较完整的、有相当规模和较高技术水平的工业体系、农业体系、科学技术体系和国防体系，取得了一系列伟大的工程科技成就，为国家安全、经济发展、社会进步和民生改善提供了重要支撑，实现了向工业化、现代化的跨越发展。特别是改革开放 40 多年来，中国经济社会快速发展，其中工程科技创新驱动功不可没。“两弹一星”、载人航天、探月工程等一批重大工程科技成就，大幅提升了中国的综合国力和国际地位。而科学的水利工程管理更是催生了三峡工程、南水北调等一大批重大水利工程建设成功，大幅提升了中国的基础工业、制造业、新兴产业等领域创新能力和水平，推动了完整工程科技体系的构建进程。同时推动了农业科技、人口健康、资源环境、公共安全、防灾减灾等领域工程科技发展，大幅提高了 13 亿多中国人的生活水平和质量。

第二章 水利工程施工的技术研究

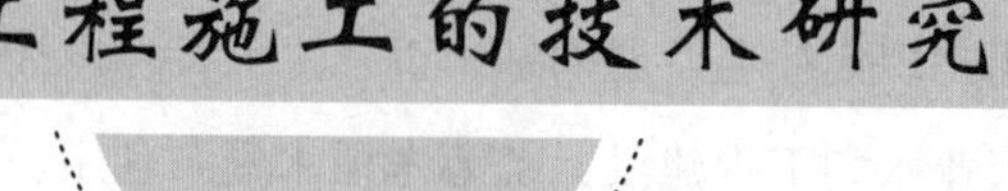

近些年，我国的水电建设得到了飞速发展，国家不断加大对水电建设的支持力度，这使得水利水电工程施工技术取得了前所未有的进展。

第一节 水利工程地基处理技术

任何建筑物都要通过基础稳固在地基上，因此，建筑物的结构要与基础型式及所处的地基相适应。地基与基础处理得好坏是工程能否长期安全运行的关键，如果处理不好，轻则使工程投资增加，工期延长，使用标准被迫降低，导致无法取得预期的工程效益；重则由于基础变形使结构破坏，甚至倒塌报废，从而给国家财产和人民的生命安全造成巨大危害。①

各种类型的水工建筑物对地基基础的要求如下：

一是具有足够的强度，能够承担上部结构传递的应力；

二是具有足够的整体性和均一性，能够防止基础的滑动和不均匀沉陷；

三是具有足够的抗渗性，以免发生严重的渗漏和渗透破坏；

四是具有足够的耐久性，以防在地下水长期作用下发生侵蚀破坏。

若天然地层的地质条件良好，则建筑物基础可以直接建造其上；若地基很软弱，或者与建筑物基础对地基的要求相差较大时，就不能直接在天然地基上建造建筑物，必须先对

① 姬志军，邓世顺．水利工程与施工管理［M］. 哈尔滨：哈尔滨地图出版社，2019.

其进行人工加固处理。

地基处理的方法有很多种，要视地质情况、建筑物的类型与级别、使用要求、结构型式以及施工期限、施工方法、施工设备、材料和经济条件等，通过技术经济的比较后确定。

一、土基处理

（一）土基加固

软土地基承载力小，沉陷量大。按其原理不同，处理方法可分为挖除置换法、强夯法等几种类型。

1. 挖除置换法

当地基软弱层厚度不大时，可全部挖除，并换以砂土、黏土、壤土或砂壤土等回填夯实，回填时应分层夯实，严格掌握压实质量。这种方法用于软土层在 2~3 m 时较为经济。

2. 强夯法

当地基软土层厚度不大时，可以不开挖，采用强夯法处理。强夯法采用履带式起重机，配缓冲装置、自动脱钩器、夯锤等配件，其锤重 10 t，落距 10 m。强夯法可以省去大挖大填，有效深度可达 4~5 m。

3. 砂井预压法

砂井预压法又称为排水固结法，为了提高软土地基的承载能力，可采用砂井预压法。砂井直径一般为 20~30 cm，井距采用 6~10 倍井径，常用范围为 2~4 m。

井深主要取决于土层情况。当软土层较薄时，砂井宜贯穿软土层；当软土层较厚且夹有砂层时，一般可设在砂层上，软土层较厚又无砂层时，或软土层下有承压水时，则不应打穿。一般砂井深度以 10~20 m 为宜。

砂井顶部应设排水砂垫层，以连通各砂井并引出井中渗水。当砂井工程结束后，即开始堆积荷载预压。预压荷载一般为设计荷载的 1.2~1.5 倍，但不得超过当时的土基承载能力。

4. 深孔爆破加密法

深孔爆破加密法就是利用人工进行深层爆破，使饱和松砂液化，颗粒重新排列组合成为结构紧密、强度较高的砂。

5. 混凝土灌注桩法

软土地基承载能力小时，可采用混凝土灌注桩支承上部结构的荷载。混凝土灌注桩是在现场造孔达到设计深度后在孔内浇筑混凝土而成的桩。

6. 振动水冲法

振动水冲法是用一种类似插入式混凝土振捣器的振冲器（如图 2-1 所示），在土层中振冲造孔，并以碎石或砂砾填成碎石或砂砾桩，达到加固地基的一种方法。

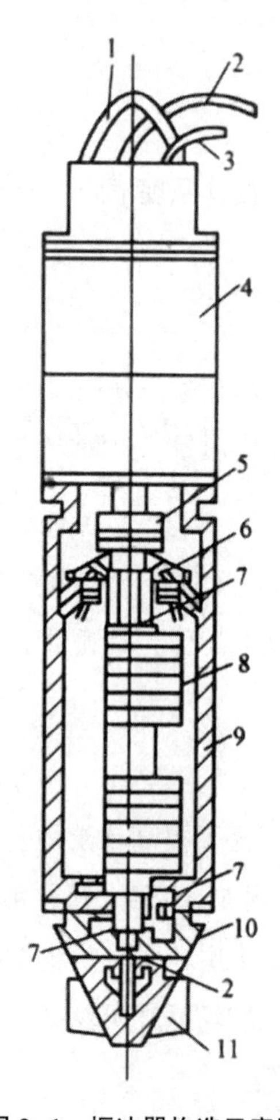

图 2-1　振冲器构造示意图

1—吊具；2—水管；3—电缆；4—电动机；5—联轴器；6—轴；
7—轴承；8—偏心块；9—壳体；10—头部；11—叶片

7. 旋喷法

旋喷法是利用旋喷机具造成旋喷桩以提高地基的承载能力，也可以做联锁桩施工或定向喷射成连续墙，用于地基防渗。

旋喷法的一般施工程序为：孔位定点并埋设孔口管→钻机就位→钻孔至设计深度→旋喷高压浆液或高压水气流与浆体，同时提升旋喷管，直至桩顶高程→向桩中空穴进行低压注浆，起拔孔口管→转入下一孔位施工。

钻孔可以采用旋转、射水、振动或锤击等多种方法进行。旋喷管可以随钻头一次钻到设计孔深，接着自下而上进行旋喷，也可先行钻孔，终孔后下入旋喷管。

喷射方法有单管法、二重管法和三重管法。

①单管法。喷射水泥浆液或化学浆液，主要施工机具有高压泥浆泵、钻机、单旋喷管，成桩直径为0.3~0.8 m。

②二重管法。高压水泥浆液（或化学浆液）与压缩空气同轴喷射。主要施工机具有高压泥浆泵、钻机、空压机、二重旋喷管，成桩直径介于单管法和三重管法之间。

③三重管法。高压水、压缩空气和水泥浆液（或化学浆液）同轴喷射。主要施工机具有高压水泵、钻机、空压机、泥浆泵、三重旋喷管，成桩直径为1.0~2.0 m。

我国旋喷法使用的浆液一般以单液水泥浆为主，水灰比（质量比）为1：1或1.5：1.0。根据需要也可适量加入外加剂，以达到减缓浆液沉淀、速凝、缓凝、抗冻等目的。

（二）垂直防渗施工

近年来，中央已投入大量资金对一些大中型、小型水库进行除险加固，取得了显著的综合效益。但目前仍然有大量的中小型水库存在重大安全隐患，中央已着手解决这类水库安全隐患。这些病险库大多分布于农村，建于20世纪50—70年代，受当时条件所限，许多中小型水库存在大坝坝身密实度不够、坝后排水不畅、坝身浸润线偏高，坝身、坝基渗漏严重等工程隐患，若不进行除险加固，将严重威胁人民群众生命财产安全。为此，2006年中央经济工作会议就明确提出用3年时间基本完成大中型和重点小型病险水库的除险加固任务。

垂直截渗的方案主要有如下几种形式：混凝土防渗墙、水泥土搅拌桩防渗墙、高压喷射灌浆防渗墙、冲抓套井造黏土井桩防渗墙、黏土劈裂灌浆帷幕、水泥灌浆帷幕等。

1. 混凝土防渗墙

混凝土防渗墙是在松散透水地基或土石坝坝体中连续造孔成植，以泥浆固壁，在泥浆下浇筑混凝土而建成的起防渗作用的地下连续墙，是保证地基稳定和大坝安全的工程措施。

就墙体材料而言，目前采用最多的是普通砼和塑性砼，其成槽的工法主要有钻劈法、钻抓法、抓取法、铣削法和射水法。

混凝土防渗墙施工一般都包括施工准备、槽孔建造、泥浆护壁、清孔换浆、水下混凝土浇筑、接头处理等几个重要环节。上述各个环节中槽孔建造投入的人力、设备最多、使用的设备最关键，是成墙过程中影响因素最多、技术也最复杂的一环，就成槽的工法而言，主要有如下几种：钻劈法、钻抓法、抓取法和射水法。

（1）钻劈法

钻劈法是用冲击钻机钻凿主孔和劈打副孔形成槽孔的一种防渗墙成槽方法，其适用于槽孔深度较大范围，从几米到上百米的都适应，墙体厚度 60 cm 以上，其优点是适应于各种复杂地层，其缺点是工效相对较低，机械装备落后，造价较高。

（2）钻抓法

钻抓法是用冲击或回转钻机先钻主孔，然后用抓斗挖掘其间副孔，形成槽孔的一种防渗墙成槽施工方法。此工法与上一种工法类似，是用抓斗抓取副孔替代冲击钻劈打副孔，但两种工法施工机械组合不同，钻抓法工效高于钻劈法，工程规模较大，地质不特别复杂，对于有砂卵石且要进入基岩的防渗墙成槽，一般采用此工法。对于防渗墙要穿过较大粒径的卵石、漂石进入坚硬的基岩层时，上部用冲击钻配合抓斗成槽，下部复杂地层由冲击钻成槽。此工法具有成槽墙体连续性好，质量易于控制和检查，施工速度较快等特点，成槽质量优于上一种工法。

（3）抓取法

抓取法是只用抓斗挖掘地层，形成槽孔的一种防渗墙施工方法。抓取法施工时也分主孔与副孔。对于一般松软地层采用如堤防、土坝等且墙体只进入基岩强分化地层最适合抓取法，特别是采用薄型液压抓斗更能抓取 30 cm 厚度薄墙。抓取法的成墙深度一般小于 40 m，深度过深其工效显著降低，用抓取法建造的防渗墙，其墙段连方法多采用接头管法，而对于墙深度较大时，也可采用钻凿法。该工法的特点是适用于堤防、土坝性等一般松软地层，墙体连续性好，质量易于控制和检查，施工速度较快等。抓斗法平均工效与地质、深度、厚度、设备状况等因素有关，一般在 60～160 m^2/台班。影响造价的主要因素是地质情况、深度和墙体厚度。

（4）射水法

射水法是国内 20 世纪 80 年代初期开始研究的一种防渗加固技术，现已发展到第三代机型，在垂直防渗领域大量用于堤防防渗加固处理，近几年在水库土坝坝身及坝基防渗也有应用。其主要原理是利用灰渣泵及成槽器中的射水喷嘴形成高速泥浆液流来切制，破碎地层岩土结构，同时，卷扬机带动成槽器以及整套钻杆系统做上、下往复冲击运动，加速破碎地层。反循环沙石泵将水混合渣土吸出槽孔，排入沉淀池。槽孔由一定浓度的泥浆固壁，成槽器上的下刃口切割修整槽孔壁，形成有一定规格的槽孔，成槽后采用水砼浇筑方法在槽内添加抗渗材料形成槽板，用平接技术连接而成整体地下防渗墙。

射水法成墙的深度已突破 30 m，但一般在 30 m 以内为多。射水法成墙质量的关键是墙体的垂直度和两序槽孔接头质量，一般情况下，只要精心操作垂直度易于保证。成墙接缝多，且采用平接头方式，这是此工法有别其他工法之处。根据我公司的实践经验，只要两序槽孔长度合适，设备就位准确，保证二期槽孔施工时成槽器侧向喷嘴畅通，防渗墙的接头质量是能够保证的。

射水法具有地层适应性强、工效较高、成本适中的特点，最适宜于颗粒较小的软弱地层，如在粉细砂层，淤泥质、粉质黏土地层中工效可达 80 m^2/台班，在鹅卵石地层工效相对较低，但普遍也能达到 35m^2/台班。由于在各种地层中的工效不同，材料用量也不一样，因此，每平方米成墙造价也不同，一般为 160~230 元/m^2。

2. 深层搅拌法水泥土防渗墙

深层搅拌法水泥土防渗墙是利用钻搅设备将地基土水泥等固化剂搅拌均匀，使地基土固化剂之间产生一系列物理-化学反应，硬凝成具有整体性、水稳定性和一定强度的水泥土。深层搅拌法包括单头搅、双头搅、多头搅。水泥土防渗墙是深层搅拌法加固地基技术作为防渗方面的应用，这几年在堤防垂直防渗中得到大量应用，特别是为了适应和推广这一技术，已研究出适应这一技术的专用设备——多头小直径深层搅拌截渗桩机。深搅法的特点是施工设备市场占有量大、施工速度快、造价低等，特别是采用多头搅形成薄型水泥土截渗墙，工效更高。此种工法成墙工效一般为 45 ~ 200 m^2/台班，工程单价为 70~130 元/m^2，影响造价的主要因素是墙体厚度、深度和地质情况。

深搅法处理深度一般不超过 20 m，比较适用于粉细以下的细颗粒地层，该技术形成的水泥土均匀性和底部的连续性在施工中应加以重视。

（三）地基基础锚固

将受拉杆件的一端固定于岩（土）体中，另一端与工程结构物相连接，利用锚固结构的抗剪、抗拉强度，改善岩土力学性质，增加抗剪强度，对地基与结构物起到加固作用的技术，统称为锚固技术或锚固法。

锚固技术具有效果可靠、施工干扰小、节省工程量、应用范围广等优点，在国内外得到广泛的应用。在水利水电工程施工中，主要应用于以下几方面：

1. 高边坡开挖时锚固边坡。
2. 坝基、岸坡抗滑稳定加固。
3. 大型洞室支护加固。图 2-2 为印度奇布罗水电站地下厂房锚固。
4. 大坝加高加固，图 2-3 为奇尔法坝加高锚固。

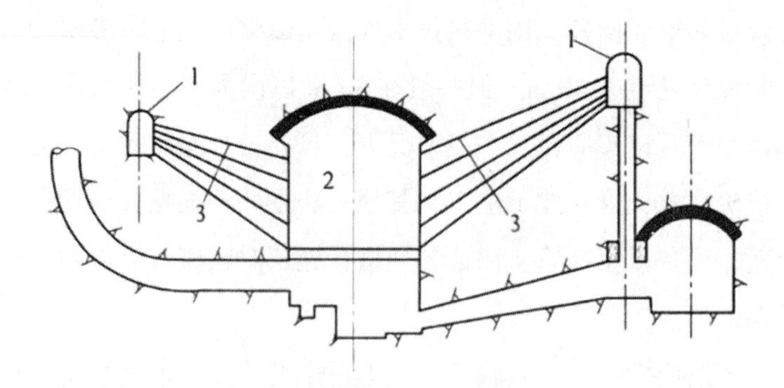

图 2-2　印度奇布罗水电站地下厂房锚固

1—施工洞；2—地下厂房；3—高边墙锚固支护

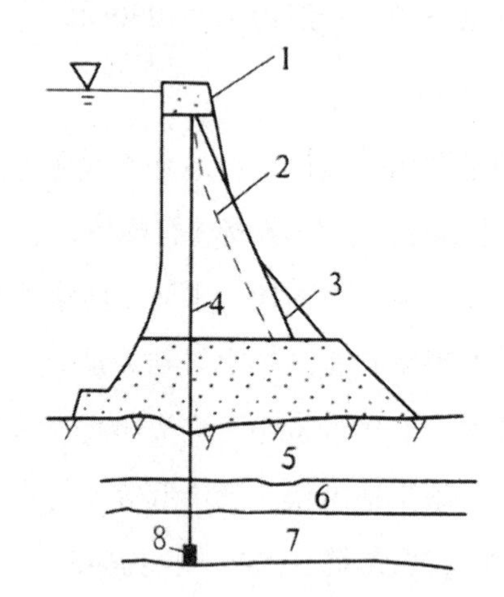

图 2-3　奇尔法坝加高锚固

1—加高部位；2—锚固后推力线；3—锚固前推力线；4—锚束；

5—石灰砂岩；6—石灰岩；7—黄砂岩；8—锚固段

5. 锚固建筑物，改善应力条件，提高抗震性能。

6. 建筑物裂缝、缺陷等的修补和加固。

可供锚固的地基不仅限于岩石，还在软岩、风化层以及砂卵石、软黏土等地基中取得了经验。

有关现代设计理论［比如，奥地利隧道工程新方法，New Austrian Tunneling Method（NATM）］及适时支护的原则，这里不再赘述，有兴趣的读者可自行查阅。

锚固结构简称锚杆。一般由内锚固段（锚根）、自由段（锚束）、外锚固段（锚头）组成整个锚杆，见图 2-4、图 2-5。

内锚固段是必须有的，其锚固长度及锚固方式取决于锚杆的极限抗拔能力；锚头设置与否，自由段的长度大小，取决于是否要施加预应力及施加的范围；整个锚杆的配置，取

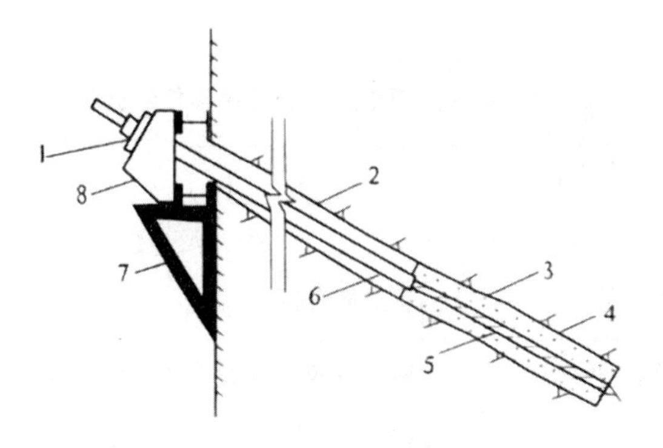

图 2-4　锚固结构简图

1—锚头；2—自由段；3—内锚固段；4—砂浆；

5—锚杆或锚索；6—套管；7—支架；8—台座

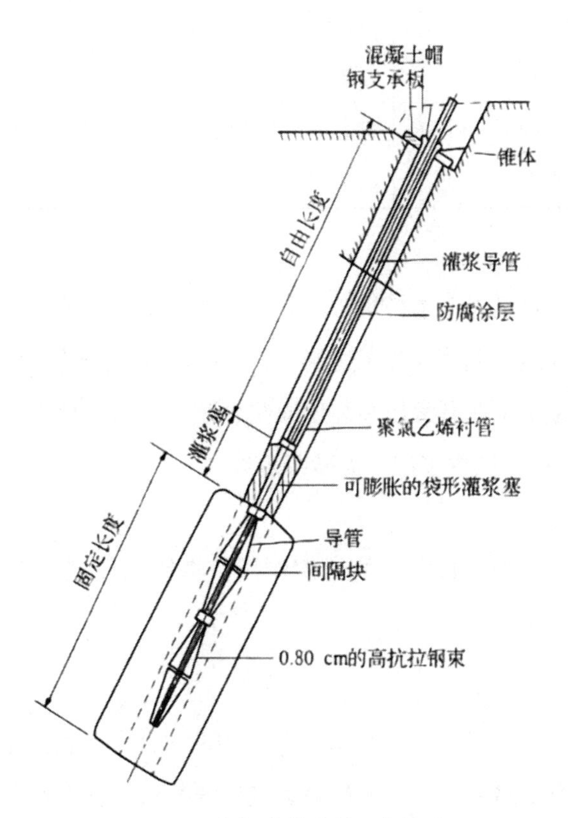

图 2-5　多钢束锚索的一般构造

决于锚杆的设计拉力。锚杆的设计拉力取决于支护时锚杆承受的荷载。

1. 内锚固段（俗称锚根）

内锚固段即锚杆深入并固定在锚孔底部扩孔段的部分，要求能保证对锚束施加预应力。按固定方式一般分为黏着式和机械式。各种常用锚固段型式、适用条件及优缺点，见

表 2-1。

表 2-1　常用锚固段型式、适用条件及优缺点

类别	型式	制作方法	适用条件	优点	缺点
黏着式	弯钩式	锚杆末端分层逐根弯起	陡倾角钻孔、大吨位钢丝束最合适	工艺简单、经济、可靠	锚根较长，缓倾角钻孔的难度大
	节扩式	锚杆外径逐节扩大	各种吨位的钢绞线或钢丝束均适用	工艺简单、经济、可靠	
	锚环式	锚杆末端分部铸入金属锚环中	钢丝束或钢绞线均适用	锚根短，阻滑可靠	制作比较费工
	锚板式	用镦头或夹片将锚杆与锚板联结成整体	以钢丝束锚固为主	制作方便、使用可靠	加工量大，放入钻孔困难
机械式	胀壳式	爆炸压接或闪光对焊	只适用于小吨位锚束及锚杆	工期短，使用方便	锚根直径与钻孔配套要求高
	楔缝式				

（1）黏着式锚固段

按锚固段的胶结材料是先于锚杆填入还是后于锚杆灌浆，分为填入法和灌浆法。胶结材料有高强水泥砂浆或纯水泥浆、化工树脂等。在天然地层中的锚固方法多以钻孔灌浆为主，称为灌浆锚杆，施工工艺有常压和高压灌浆、预压灌浆、化学灌浆和许多特殊的锚固灌浆技术（专利）。目前，国内多用水泥砂浆灌浆。

（2）机械式锚固段

它是利用特制的三片钢齿状夹板的倒楔作用，将锚固段根部挤固在孔底，称为机械锚杆。

2. 自由段（俗称锚束）

锚束是承受张拉力，对岩（土）体起加固作用的主体。采用的钢材与钢筋混凝土中的钢筋相同，注意应具有足够大的弹性模量满足张拉的要求。宜选用高强度钢材，降低锚杆张拉要求的用钢量，但不得在预应力锚束上使用两种不同的金属材料，避免因异种金属长期接触发生化学腐蚀。常用材料可分为以下两大类：

（1）粗钢筋

我国常用热轧光面钢筋和变形（调质）钢筋。变形钢筋可增强钢筋与砂浆的握裹力。钢筋的直径常用 25~32 mm，其抗拉强度标准值按《混凝土结构设计规范》的规定采用。

（2）锚束

通常由高强钢丝、钢绞线组成。其规格按国标《预应力混凝土用钢丝》《预应力混凝土用钢绞线》选用。高强钢丝能够密集排列，多用于大吨位锚束，适用于混凝土锚头、镦头锚及组合锚等。钢绞线对于编束、锚固均比较方便，但价格较高，锚具也较贵，多用于中小型锚束。

3. 外锚固段（俗称锚头）

锚头是实施锚束张拉并予以锁定，以保持锚束预应力的构件，即孔口上的承载体。锚头一般由台座、承压垫板和紧固器三部分组成。因每个工点的情况不同，设计拉力也不同，必须进行具体设计。

（1）台座

预应力承压面与锚束方向不垂直时，用台座调正并固定位置，可以防止应力集中破坏。台座用型钢或钢筋混凝土做成，台座型式如图 2-6 所示。

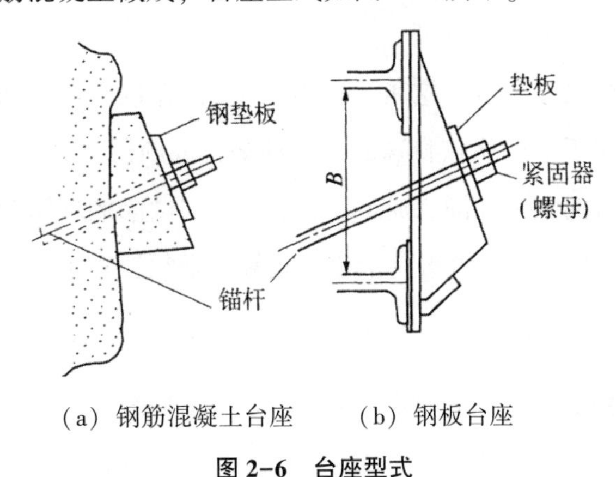

（a）钢筋混凝土台座　　（b）钢板台座

图 2-6　台座型式

（2）承压垫板

在台座与紧固器之间使用承压垫板，能使锚束的集中力均匀分散到台座上。一般采用 20~40 mm 厚的钢板。

（3）紧固器

张拉后的锚束通过紧固器的紧固作用，与垫板、台座、构筑物贴紧锚固成一体。钢筋的紧固器，采用螺母或专用的联结器或压熔杆端等。钢丝或钢绞线的紧固器，可使用楔形紧固器（锚圈与锚塞或锚盘与夹片）或组合式锚头装置。

二、岩基处理

若岩基处于严重风化或破碎状态，首先应考虑清除至新鲜的岩基为止；若风化层或破碎带很厚，无法清除干净，则考虑采用灌浆的方法加固岩层和截止渗流。对于防渗，有时可以从结构上进行处理，如设截水墙和排水系统。

灌浆方法是钻孔灌浆，即在地基上钻孔，用压力把浆液通过钻孔压入风化或破碎的岩基内部。待浆液胶结或固结后，就能达到防渗或加固的目的。最常用的灌浆材料是水泥。当岩石裂隙多、空洞大，吸浆量很大时，为了节省水泥，降低工程造价，改善浆液性能，常加砂或其他材料；当裂隙细微，水泥浆难以灌入，基础的防渗不能达到设计要求或者有大的集中渗流时，可采用化学材料灌浆的方法处理。化学灌浆是一种以高分子有机化合物为主体材料的新型灌浆方法。这种浆材呈溶液状态，能灌入 0.1 mm 以下的微细裂缝，浆液经过一定时间的化学作用，可将裂缝黏合起来或形成凝胶，起到堵水防渗以及补强的作用。

除了上述两类灌浆材料外，还有热柏油灌浆、黏土灌浆等，但是由于本身存在一些缺陷，使其应用受到了一定限制。

岩基的一般地质缺陷，经过开挖和灌浆处理后，地基的承载力和防渗性能都可以得到不同程度的改善。但对于一些比较特殊的地质缺陷，如断层破碎带、缓倾角的软弱夹层、层理以及岩溶地区较大的空洞和漏水通道等，如果这些缺陷的埋深较大或延伸较远，采用开挖处理在技术上就不太可能，在经济上也不划算，常须针对工程具体条件，采取一些特殊的处理措施。

（一）断层破碎带处理

由于地质构造形成的破碎带，有断层破碎带和挤压破碎带两种。经过地质错动和挤压，其中的岩块极易破碎，且风化强烈，常夹有泥质充填物。

对于宽度较小或闭合的断层破碎带，如果延伸不深，常采用开挖和回填混凝土的方法进行处理。即将一定深度范围内的断层和破碎风化岩层清理干净，直到新鲜岩基，然后回填混凝土。如果断层破碎带需要处理的深度很大，为了克服深层开挖的困难，可以采用大直径钻头（直径在 1 m 以上）钻孔，到需要深度再回填混凝土。

对于埋深较大且为陡倾角的断层破碎带，在断层出露处回填混凝土，形成混凝土塞(取断层宽度的 1.5 倍)，必要时可沿破碎带开挖斜井和平洞，回填混凝土，与断层相交一定的长度，组成抗滑塞群，并有防渗帷幕穿过，组成混合结构。

（二）岩溶处理

岩溶是可溶性岩层长期受地表水或地下水的溶蚀和溶滤作用后产生的一种自然现象。由岩溶现象形成的溶槽漏斗、溶洞、暗河、岩溶湖、岩溶泉等地质缺陷，削弱了基岩的承载能力，形成了漏水的通道。处理岩溶的主要目的是防止渗漏，保证蓄水，提高坝基的承载能力，确保大坝的安全稳定。

对坝基表层或较浅的地层，可开挖、清除后填充混凝土；对松散的大型溶洞，可对洞内进行高压旋喷灌浆，使填充物和浆液混合，连成一体，可提高松散物的承受能力；对裂缝较大的岩溶地段，用群孔水气冲洗，高压灌浆对裂缝进行填充。

对岩溶的处理可采取堵、铺、截、围、导、灌等措施。堵就是堵塞漏水的洞眼；铺就是在漏水的地段做铺盖；截就是修筑截水墙；围就是将间歇泉、落水洞等围住，使之与库水隔开；导就是将建筑物下游的泉水导出建筑物以外；灌就是进行固结灌浆和帷幕灌浆。

（三）软弱夹层处理

软弱夹层是指基岩层面之间或裂隙面中间强度较低、已经泥化或容易泥化的夹层。其受到上部结构荷载作用后，很容易产生沉陷变形和滑动变形。软弱夹层的处理方法视夹层产状和地基的受力条件而定。

对于陡倾角软弱夹层，如果没有与上下游河水相通，可在断层入口进行开挖，回填混凝土，提高地基的承载力；如果夹层与库水相通，除对坝基范围内的夹层开挖回填混凝土外，还要对夹层入渗部位进行封闭处理；对于坝肩部位的陡倾角软弱夹层，主要是防止不稳定岩石塌滑，进行必要的锚固处理。

对于缓倾角软弱夹层，如果夹层埋藏不深，开挖量不是很大，最好的办法是彻底挖除；如果夹层埋藏较深，当夹层上部有足够的支撑岩体能维持基岩稳定时，可只对上游夹层进行挖除，回填混凝土，进行封闭处理。

（四）岩基锚固

岩基锚固是用预应力锚束对基岩施加预压应力的一种锚固技术，达到加固和改善地基受力条件的目的。

对于缓倾角软弱夹层，当分布较浅、层数较多时，可设置钢筋混凝土桩和预应力锚索进行加固。在基础范围内，沿夹层自上而下钻孔或开挖竖井，穿过几层夹层，浇筑钢筋混凝土，形成抗剪桩。在一些工程中采用预应力锚固技术，加固软弱夹层，效果明显。其型式有锚筋和锚索，可对局部及大面积地基进行加固。

在水利水电工程中，利用锚固技术可以解决以下几方面的问题：

1. 高边坡开挖时锚固边坡。

2. 坝基、岸坡抗滑稳定加固。

3. 锚固建筑物，改善受力条件，提高抗震性能。

4. 大型洞室支护加固。

5. 混凝土建筑物的裂缝和缺陷修补锚固。

6. 大坝加高加固。

第二节　水利工程混凝土工程施工技术

一、混凝土的制备

混凝土制备是按照混凝土配合比设计要求，将其各组成材料（砂石、水泥、水、外加剂及掺和料等）拌和成均匀的混凝土料，以满足浇筑的需要。

混凝土制备的过程包括储料、供料、配料和拌和。其中，配料和拌和是主要生产环节，也是质量控制的关键，要求品种无误、配料准确、拌和充分。

（一）混凝土配料

混凝土配料是按设计要求，称量每次拌和混凝土的材料用量。配料有体积配料法和重量配料法两种。因体积配料法难以满足配料精度的要求，所以水利工程广泛采用重量配料法，即混凝土组成材料的配料量均以质量计。配料精度的要求是水泥、掺和料、水、外加剂溶液为±1%，砂石料为±2%。

（二）水泥的储存

考虑到质量和经济等因素，水利工程上普遍采用散装水泥拌制混凝土。散装水泥一般采用罐储量为 50~1500 t 的圆形罐储存，其装卸与转运工作主要由风动泵或螺旋输送器运输完成。袋装水泥多用于水泥用量不大的零星工程，一般储存于满足防潮要求的水泥仓库之中，但须按品种、强度等级和出厂日期分区堆放，以防错用。

（三）混凝土拌和

1. 拌和方法

混凝土拌和的方法，有人工拌和与机械拌和两种。由于人工拌和劳动强度大、混凝土质量不易保证，生产效率低，很少使用。本节重点介绍机械拌和。

（1）混凝土搅拌机

按工艺条件不同，混凝土搅拌机可分连续式和循环式两种基本类型。在连续式搅拌系统中，原材料的称配、搅拌与出料整个过程是连续进行的。而循环式搅拌机需要将原材料的称配、搅拌与出料等工序依次完成。目前，国内采用的循环式搅拌机主要是自落式和强制式两类搅拌机。其中，自落式搅拌机又有双锥式（图 2-7）和鼓筒式（图 2-8）之分。自落式搅拌机多用于拌制常规混凝土，强制式搅拌机多用于拌制干硬性或高性能混凝土。

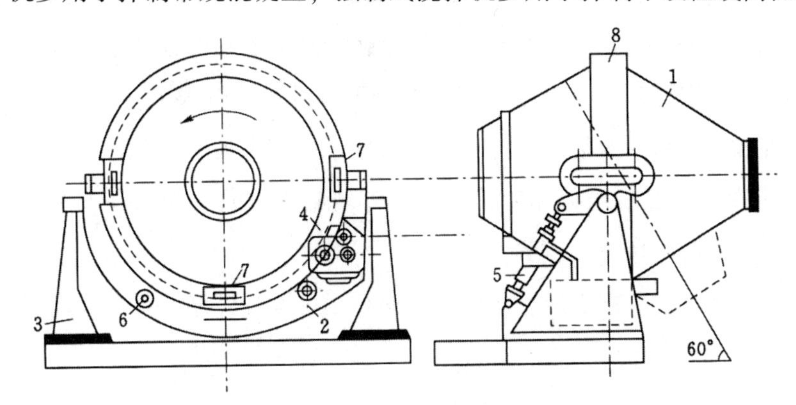

图 2-7 双锥式搅拌机

1—拌和鼓筒；2—曲梁；3—机架；4—电动机和减速装置；
5—气缸；6—支承滚轮；7—夹持滚轮；8—齿环及轮箍

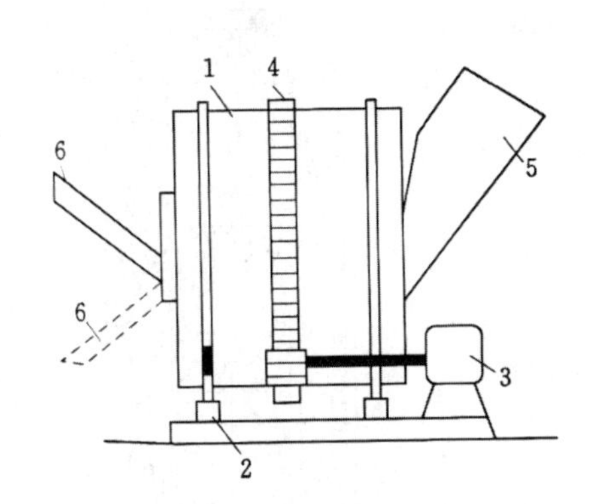

图 2-8 鼓筒式搅拌机

1—鼓筒；2—托辊；3—电动机；4—齿环；5—进料斗；6—出料槽

（2）混凝土拌和楼

在水利水电工程混凝土生产系统设计中，应根据混凝土生产要求选择类型适宜、能力匹配的拌和楼。一个混凝土生产系统拌和楼不宜超过 3 座，也不宜超过 2 种楼型。

拌和楼根据结构布置型式可分为直立式、二阶式、移动式三种，根据搅拌机配置可分为自落式、强制式及涡流式拌和楼。

①直立式拌和楼。直立式混凝土拌和楼是将骨料、胶凝材料、料仓、称量、拌和、混凝土出料等各工艺环节由上而下垂直布置在一座楼内，物料只提升一次。这种楼型在国内

外广泛采用，用于混凝土工程量大、使用周期长、施工场地狭小的水利水电工程。

②二阶式拌和楼。二阶式混凝土拌和楼是将直立式拌和楼分成两大部分：一部分是骨料进料、料仓及称量；另一部分是胶凝材料、拌和、混凝土出料和控制等。两部分中间一般用胶带，配好的骨料送入搅拌机，骨料分两次提升，两个部分一般布置在同一个高程上，也可根据地形高差布置在两个高程。这种结构和布置型式的拌和楼安装拆迁方便、机动灵活、时间短。小浪底工程混凝土生产系统 4×3 m^{3}拌和楼就采用这种结构型式。

③移动式拌和楼。移动式混凝土拌和楼一般用于小型水利水电工程，混凝土骨料粒径在 80 mm 以下混凝土。混凝土拌和船是建造在浮动船舶上的拌和站，主要用于石油、海湾、港口、码头、河防、桥梁工程等。

搅拌楼多由型钢搭建装配而成，具有占地面积小、运行可靠、生产率高以及便于管理的特点，如图 2-9 所示。

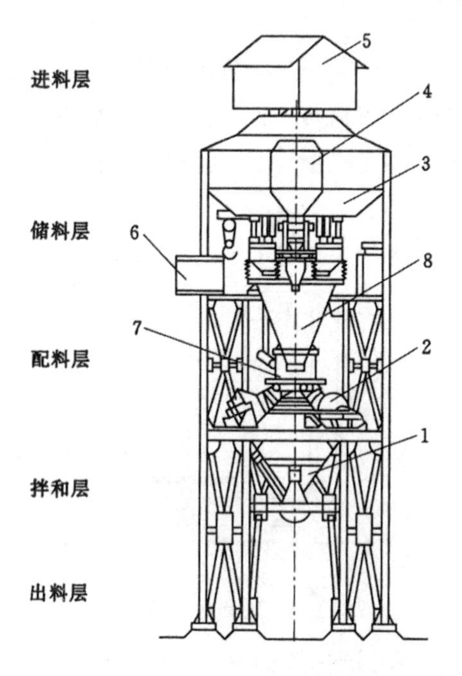

图 2-9　HL_1-09 型搅拌楼

1—混凝土出料斗；2—搅拌机；3—骨料仓；4—水泥仓；
5—皮带机房；6—称量控制室；7—回转给料斗；8—集中给料斗

搅拌楼常按工艺流程分层布置，分为进料、储料、配料、拌和及出料五层，其中配料层是全楼的控制中心。搅拌楼各层设备由电子传动系统操作。水泥、掺和料和骨料用提升机和皮带机分别运送至储料层的分格仓内。各分格仓下均配置自动秤和配料斗，称量过的物料汇入集料斗后由给料器送进搅拌机，拌和水则由自动量水器计量后注入搅拌机。拌制好的混凝土卸入出料层，开启气动弧门便可将混凝土拌和物排入运输车辆的料罐中。

（3）搅拌站

中小型水利工程、分散工程及零星工程一般采用由数台搅拌机联合组成的搅拌站拌制混凝土。现代混凝土搅拌站一般由双卧轴强制式搅拌机、配料机、水泥储罐、风压系统以及计算机控制系统组成，如图 2-10 所示。搅拌机的生产率为 50～150 m³/h。

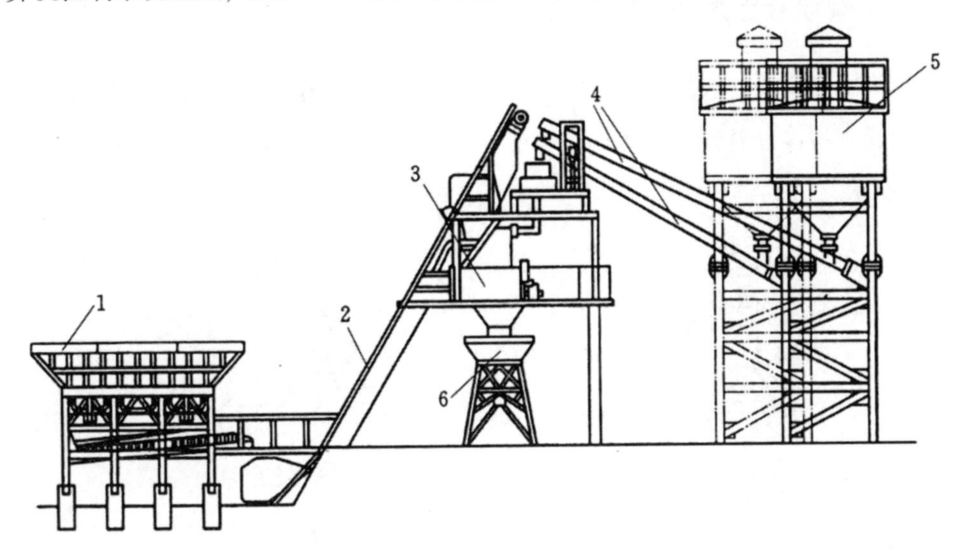

图 2-10　HZS50B 型混凝土搅拌站

1—骨料配料机；2—机架；3—搅拌机；4—螺旋输送机；5—水泥仓；6—成品料斗

2. 混凝土生产率的确定

施工阶段，混凝土系统须满足的小时生产能力一般根据施工组织设计安排的高峰月混凝土浇筑强度计算，即：

$$P=\frac{Q_m}{mn}k_h \tag{2-1}$$

式中，P 为混凝土系统的生产率，m³/h；Q_m 为高峰月混凝土浇筑强度，m³/月；m 为高峰月有效工作天数，一般取 25 d；n 为高峰月每日平均有效工作小时数，一般取 20 h；k_h 为小时不均匀系数，一般取 1.5。

根据已计算的混凝土生产率及搅拌楼（机）的生产率，最终确定搅拌楼（机）的数量。搅拌楼的生产率有相应的规格。每台搅拌机的小时生产率为：

$$P=NV=K\frac{3600}{t}V \tag{2-2}$$

式中，P 为每台搅拌机的小时生产率，m³/h；N 为每台拌和机每小时平均拌和次数；V 为搅拌机出料容量，m³；K 为时间利用系数，0.8～0.9；t 为一个循环所需时间（进料、拌和、出料与技术间歇时间之和）。

二、常规混凝土坝施工

（一）常规混凝土大坝分缝分块

混凝土坝的浇筑块一般是在永久性横缝已划分坝段的基础上，再用临时性纵缝以及水平缝划分而成。坝体分缝分块的型式有纵缝分块、斜缝分块、错缝分块和通仓浇筑四种，如图 2-11 所示。

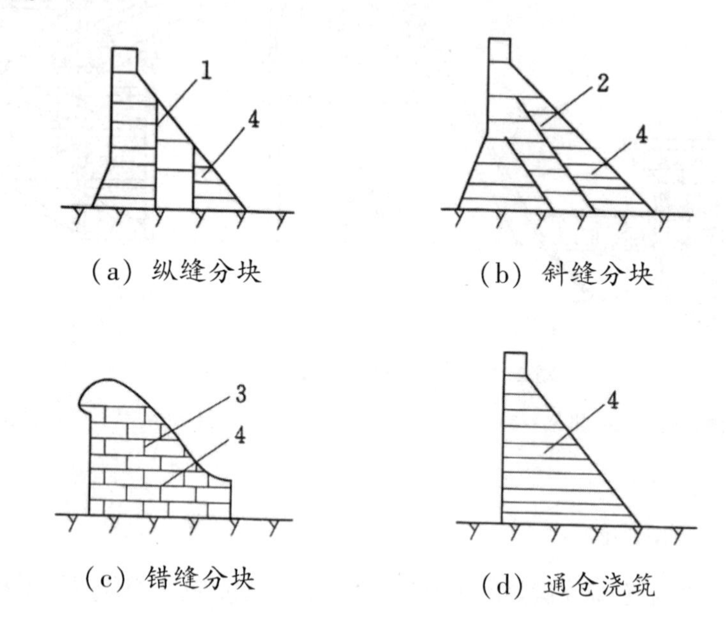

（a）纵缝分块　（b）斜缝分块

（c）错缝分块　（d）通仓浇筑

图 2-11　混凝土坝分缝分块型式

1—竖缝；2—斜缝；3—错缝；4—水平施工缝

1. 纵缝分块

所谓纵缝分块，是用垂直纵缝将坝段划分成若干柱状体浇筑混凝土，故又称柱状分块。它的优点是温度容易控制，混凝土浇筑工艺较简单，但为保证坝体的整体性，必须进行接缝灌浆，且模板工作量大、施工复杂。

为了传递剪应力的需要，在纵缝面上设置键槽，并需要在坝体到达稳定温度后进行接缝灌浆，以增加其传递剪应力的能力，提高坝体的整体性和刚度。键槽的两个斜面应尽可能分别与坝体的两个主应力垂直，从而使两个斜面上的剪应力接近于零，如图 2-12 所示。键槽的形式有两种：直角三角形和梯形。在我国多采用前者。

2. 斜缝分块

斜缝一般沿平行于坝体第二主应力方向设置，缝面剪应力很小，只要设置缝面键槽不

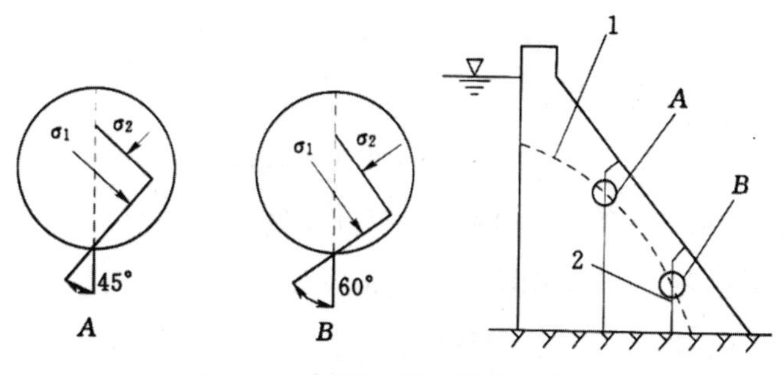

图 2-12 纵缝键槽与坝体主应力

1—第一主应力轨迹；2—纵缝

必进行接缝灌浆，但须布置骑缝钢筋以确保坝体的整体性。斜缝法往往是为了便于坝内埋管的安装，或利用斜缝形成临时挡洪面采用的。

3. 错缝分块

错缝分块又称为砌砖法，是沿高度方向错开的竖缝进行分块。因其浇筑块不大，故混凝土温度控制的要求不高。分块时将块间纵缝错开，互不贯通，故坝的整体性好，但由于浇筑块相互搭接，施工干扰很大，施工进度较慢，同时，在端部因应力集中容易开裂。目前，错缝分块的浇筑方式已很少采用。

4. 通仓浇筑

通仓浇筑法即不设纵缝，混凝土浇筑按整个坝段分层进行。由于浇筑仓面大，便于大规模机械化施工，简化了施工程序。特别是大量减少模板作业工作量，施工速度快，但因其浇筑块长度大，容易产生温度裂缝，所以温度控制要求严格。

以上分缝型式各有优缺点，目前大中型重力坝及大型拱坝一般采用纵缝分块，小型重力坝及中小型拱坝一般采用通仓浇筑。

（二）混凝土坝接缝灌浆

为了保证坝体的整体性，纵缝、混凝土拱坝及其他有整体性要求的坝型的横缝一般都必须进行接缝灌浆。

1. 接缝灌浆管路系统布置

接缝灌浆都是分区进行的，其灌区高度一般为 10~15 m，基础部位为 6~8 m。灌区的面积一般为 150~300 m^2。各灌区的灌浆管系统布置，主要分为盒式、重复及骑缝式三类。

（1）盒式灌浆管路系统

盒式灌浆管路系统，由进、回浆干管和支管、出浆盒、排气槽及排气管组成，周围用止浆片封闭形成独立的灌浆区。

为了排除在灌浆时灌浆区接缝内空气，进浆顺序应使浆液自下上升。管路系统的布置原则如下：

①应尽量选用较短的管路布置。

②应尽可能将各进、出管口集中布置，以便操作管理。

③应能加速管路及接缝内的浆液循环，以防止堵塞。

盒式灌浆管路系统布置型式有两类：一类是支管卧式布置，进、回浆干管立式布置；另一类是支管立式布置，进、回浆干管卧式布置。

图 2-13（a）所示的管路称为双回路布置，除一侧有进、回浆干管外，还在对侧设有事故备用进、回浆干管。其主要优点是进、回浆管不易堵塞，遇事故比较容易处理，灌浆质量较有保障，但耗费管材较多。这种布置型式多用于纵缝灌浆。

图 2-13（b）所示的管路称为单回路布置，只设有一套进、回浆干管，没有事故回浆干管。其主要缺点是进、回浆干管容易被堵塞，一旦发生堵塞，处理困难，所以在灌区较高时，很少采用单回路布置。这种布置型式多用于横缝灌浆。

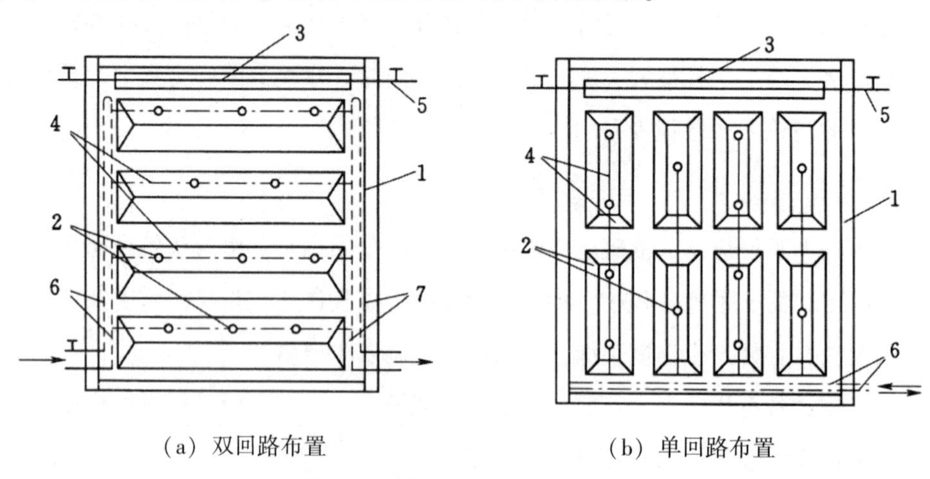

图 2-13　盒式灌浆管路系统布置

1—止浆片；2—出浆盒；3—排气槽；4—支管；5—排气管；6—进、回浆干管；7—备用进、回浆管

（2）重复灌浆系统

重复灌浆系统与一次灌浆系统的主要区别是出浆盒的构造不同，其他的管路系统完全一样。重复灌浆盒的构造如图 2-14 所示。

重复灌浆盒能保证在冲洗压力作用下，水不能进入接缝；但在灌浆压力作用下，浆液能够顺利进入接缝内。橡胶盖板的弹性变形量，是控制接缝启闭的关键。使用前须通过试验来选定橡胶盖板的弹性参数。

（3）骑缝式灌浆系统

骑缝式灌浆系统，又称拔管式灌浆系统。灌浆系统的预埋件随坝块的浇筑先后分两次埋设。先浇块的预埋件有止浆片、垂直与水平的半圆木条、元钉及长脚马钉等。先浇块拆模后，拆除半圆木条就在先浇块的表面上形成了水平与垂直的半圆槽。后浇块的预埋件有

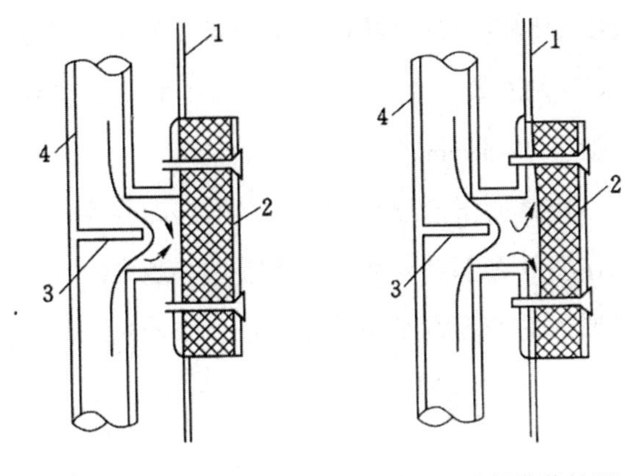

（a）出浆盒冲洗情况　　　（b）重复灌浆情况

图 2-14　重复灌浆盒工作原理

1—接缝；2—橡胶盖板；3—舌片；4—支管

连通管、接头、充气塑料拔管及短管等。进、回浆干管布置在外部，通过插管与骑缝孔道相连，如图 2-15 所示。

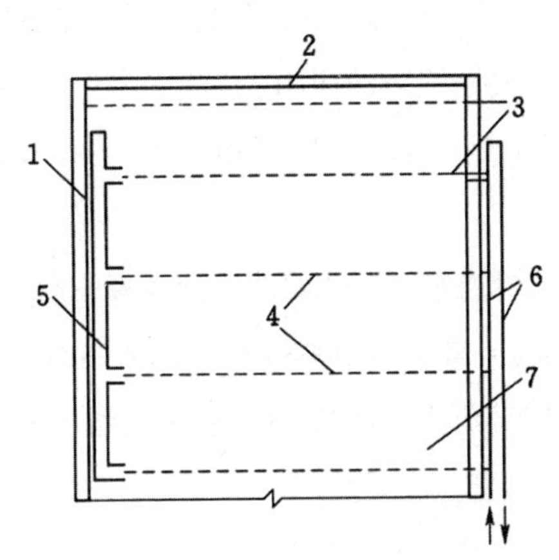

图 2-15　骑缝式灌浆管路系统布置

1—止浆片；2—排气孔；3—孔口拔管；4—骑缝孔；

5—省浆连通管；6—进、回浆干管；7—横缝面

骑缝式灌浆系统，由于孔槽与接缝面直接连通，骑缝全线灌注，简化了盒式灌浆系统烦琐的布置型式。由于采用充气塑料管造孔，废除了出浆盒与排气槽，简化了施工，又省工省料。

2. 接缝张开度与接缝灌浆压力

（1）接缝张开度

纵（横）缝接触面间缝隙的大小，称为接缝张开度。相邻浇筑块的高差、新老混凝土

之间的温差、纵缝间距及键槽坡度等都直接影响接缝张开度。为了顺利灌浆，接缝张开度应大于0.5 mm，但张开度不宜过大，否则将增加水泥用量，水泥浆结石也会引起较大的干缩。因此，其理想值一般为1~3 mm。

随着灌浆压力的加大，接缝的张开度将增加，如增加的开度过大也会导致相邻接缝张开度减小，甚至造成相邻接缝处局部闭合而失去可灌性，还可能在被灌接缝的坝块底层产生拉应力。所以，对接缝增加的开度也必须严格控制，要求灌区顶层为0.5~0.8 mm，底层为0.2~0.3 mm。

（2）接缝灌浆压力

接缝灌浆压力以控制灌区层顶接缝灌浆压力为主，一般为0.2 MPa；其次是控制层底接缝灌浆压力，控制进浆管口压力的意义不大。

灌浆压力，可近似按线性分布计算，即：

$$P_0 = P_1 + 0.0098\gamma h + 0.0098\varepsilon\gamma \tag{2-3}$$

式中，P_0为层底压力，MPa；P_1为层顶压力，MPa；γ为浆液表观密度，t/m^3；h为灌区高度，m；ε为缝内的阻力系数，在通道顺畅的情况下，纵缝取0.5，横缝取0.3。

灌浆前，应计算灌浆时代表性坝块的应力，当坝块应力导致相邻未灌缝挤压闭合时，应采取措施在相邻缝通水平压。通水压力可采用灌浆压力的1/2，至灌浆层灌浆结束18h以后，才能解除通水压力。

上层灌区通水冲洗和相邻缝通水平压按直线分布计算，即：

$$W_0 = W_1 + 0.0098\gamma h + 0.00098\varepsilon\gamma \tag{2-4}$$

式中，W_0为灌区通水时底部压力，MPa；W_1为灌区递水时顶部压力，MPa：γ为水的表观密度，t/m^3；h为灌浆区高度，m。

3. 接缝通水检查及冲洗

（1）全面通水检查

全面通水检查的目的在于查明接缝的可灌性，查找灌浆系统中串漏与堵塞的部位，判断混凝土内部是否存在缺陷。通水检查有单开式和封闭式两种方式。

①单开式通水检查，即从备管口轮流进水，在进水管口达到设计通水压力的条件下，再逐一开启每一个管口，分别测定各管路的单开出水率，以查明各管路的互通情况。

②封闭式通水检查，即在进浆管进水的同时将其他管口关闭，当排气管口压力达到设计值时（如遇漏水严重，起压困难，可降低为设计压力的50%~70%），分别测定各道接缝的总漏水率，并查找外漏部位及隐蔽串漏部位，查明灌浆系统的封闭完好情况和起压情况。

对通水检查中发现的堵塞或欠通管道，应采用风水轮流冲洗、管口掏挖和补钻钻孔的方法疏通。对已观察到的外漏部位，应及时予以嵌堵。

(2) 缝面充水浸泡冲洗

为提高冲洗效果，在接缝内充清水浸泡至少 1 d，冬季为降低水的冰点可用盐水溶液浸泡，使残存于管缝内的杂质溶解或松散，以提高冲洗效果。在灌浆区底部设置排污槽和排污蓄，以排除污物杂质，提高冲洗效果。

冲洗压力常以排气管口的压力来控制，其值不应大于设计灌浆压力。为减轻风压冲洗的破坏性，气压限制在 0.2~0.3 MPa。国外对风压冲洗持慎重态度，普遍采用水压冲洗。

4. 接缝灌浆施工

作为隐蔽工程，接缝灌浆必须采取合理的工艺措施和规定的施工程序，严格控制灌浆的质量，确保接缝灌浆后坝体的整体性和安全性。

(1) 灌浆顺序及灌浆方法

确定灌浆顺序的原则是：防止因坝块变形导致相邻接缝的张开度变小或闭合；防止因施工期坝体应力状态恶化引起灌浆接缝重新拉裂或剪切破坏；满足初期蓄水高程的要求。

①在同一灌区，须先从基础层开始依次向上灌浆。对单个灌区，在下层灌浆结束 14 d 后方可进行上层灌浆。若上下层互相串通，可两层同时施灌，以重点控制上层压力，调整下层缝顶压力。

②为避免沿一个方向灌注形成的累加变形影响后灌接缝的张开度，横缝灌浆可采取从大坝中部向两岸或两岸向中部会合的灌浆顺序。纵缝灌浆一般自下游向上游推进，因为接缝灌浆引起的附加应力可以抵消坝体挡水后坝踵的部分拉应力。

③对位于倾斜面、陡坡岩基上的坝块或相互串块的情况，一般将同高程的相邻灌浆区同时施灌。对漏水率较大、接缝容积大和接缝张开度小的灌浆区应先行施灌，但两缝灌浆先后结束的时间应控制在 0.5~1 h。

④同高程各相邻灌浆区，尽可能采用多缝同时灌浆，也可采用逐区连续或逐区间歇灌浆（间歇时间不少于 3 d）的方式，进浆顺序则依接缝容积和坝块受力条件而定。

⑤同高程相邻的纵、横缝，其灌浆间隔时间不同，主要是考虑到纵缝以受压为主，横缝以受剪为主。

⑥纵缝与横缝灌浆的先后顺序应根据坝块及水泥结石的受力条件而定。一般是先横缝后纵缝。如需要考虑坝块的侧向稳定，也可先纵缝后横缝。

⑦对于较陡岩坡的接触灌浆，应安排在混凝土坝块相邻纵缝或横缝灌浆完毕后进行，以利于接触灌浆时的坝块稳定。

⑧在靠近岩基部位的接缝灌浆区，如岩基中有中压或高压帷幕灌浆，一般先灌接缝，后灌帷幕；如有必要可先进行中压帷幕灌浆，但须对附近接缝同时采取冲洗措施，以防帷

幕灌浆串堵接缝灌浆系统。

不论采取多区同灌或多区连灌，每个灌浆区均要求配备一台灌浆机。施灌过程中，要注意观察有无漏水情况，并掌握好闭浆时间。施灌的水泥浆液在初凝之前未发现漏水现象，则认为合格。一般闭浆时间以 8 h 为宜，因为在该时间内灌注的水泥浆已基本凝固。

（2）钻孔灌浆

风钻钻孔可从大坝的侧面、顶面、下游面或廊道内进行，孔洞要斜穿缝面。钻孔孔径一般为 46~62 mm，每孔可控制灌浆面积 3~6 m^2。若用钻机钻孔，则应垂直贯穿纵缝键槽或横缝骑缝，按孔距 3~5 m 施钻，孔径一般为 130 mm 或 150 mm。

钻孔灌浆的方法及要求有如下几点：

①全缝面钻孔灌浆。从坝体两侧钻孔，各自连通形成灌浆系统。灌浆自下而上分组进行，两侧同时进浆，直至顶部排气孔（管）排水、排浆。

②原管道结合钻孔灌浆。有两种方式：一种是以原管道为主，钻孔为辅。先将所有钻孔用管道联通起来自成一套灌浆系统，该灌浆系统与原管道灌浆系统分别使用一台灌浆机灌浆。先由原管道进浆，钻孔敞开排浆；灌至最终级稠度浆液时，再从钻孔进浆灌注。另一种是以钻孔为主，原管道为辅。分别用一台灌浆机灌浆，先将钻孔用管道连通，最下一组进浆，自下而上分组推进。该期间由原管道间断放浆，至最终级浆液时，才进浆灌注。

5. 灌浆质量检查评定

接缝灌浆的总体要求是浆体充填密实，胶结良好且具有一定强度。接缝灌浆的质量优劣，一般借助分析灌浆记录资料来评定，并通过现场检查来验证。

对灌浆记录资料分析，主要包括以下几方面：

（1）灌浆坝体温度和灌浆时间，均应满足坝块的设计要求，灌浆坝体温度偏差不得大于 0.5 ℃。

（2）灌浆时接缝增加的开度值应不超过设计规定。

（3）灌浆管（孔）道系统及缝面排气系统应顺畅，单开出水率应大于 0.025 m^3/min。

（4）灌浆压力应达到设计规定的灌浆层顶排气管口压力。

（5）当灌浆结束时，排气管口的浆液稠度要达到最终级稠度。

（6）灌浆结束前的吸浆率应小于 0.0004 m^3/min 或趋近于零。

（7）灌浆过程中有无堵管、漏浆以及中断等情况。

（8）水泥干料充填容积应为接缝实测容积或计算容积的 1.2~1.5 倍。

灌浆结束 28 d 后，还应对有代表性的灌浆区钻孔取样，以观察水泥结石充填和胶结情况，并进行有关的物理力学性能试验。钻孔过程中还应做压水试验，检查是否有漏水情况。

对所有检查孔，在取出混凝土芯样并获取必要的资料后，都应进行专项回填灌浆，并用水泥砂浆回填检查孔。

三、水闸混凝土接缝的施工

（一）水闸沉陷缝的处理

水闸沉陷缝的位置取决于设计要求，多为宽 2~3 cm 竖向缝，缝面平整清洁，内设止水，止水起结构防渗作用，设于沉陷缝迎水面一侧。制作止水的材料有紫铜片、塑料止水带、镀锌铁皮、橡胶等。垂直止水与沥青井是联合使用的，如图 2-16 所示。沥青井由长 1 m，壁厚 5~10 cm，边长常为 20 cm 的预制混凝土块砌筑而成，井壁内面与外面均为粗糙面，要保持干燥清洁。沥青胶则随着预制块的接长分段灌注，也可最后一次浇灌，总之要保证沥青胶完全填满沥青井。

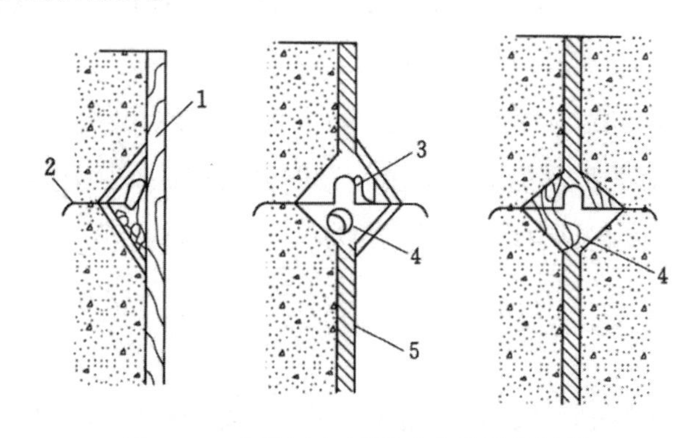

图 2-16　沥青井与垂直止水的施工过程

1—模板；2—止水片；3—预制混凝土块；4—热灌沥青；5—填料

（二）混凝土水闸施工缝的留设

混凝土水闸底板与消力池一般不留施工缝。若须留设施工缝，尽量按纵横向做成宽 30~50 cm，深 10~20 cm 的沟槽，并在重要部位每隔 30~100 cm 按梅花形布置插入钢筋，以加强上下层混凝土的黏结。

闸墩高度较大时，其施工缝应设于结构受力最小处；高 10 m 左右的闸墩，其施工缝数量一般不宜超过两个。承受单向水头的水闸，闸墩施工缝可做成朝向上游的斜面；承受双向水头的水闸，闸墩施工缝可做成带凹凸槽的平面。

对于闸室结构断面突然变化的部位，因其相邻结构荷重相差悬殊，也应设施工缝。

对于上游水平铺盖和下游消力池，它们与闸室连接部位也应结合结构缝分别施工，缝间设水平止水。

岸墙和翼墙，可根据施工条件设置施工缝。

四、预制钢筋混凝土装配式渡槽施工

渡槽又称过水桥，是输送渠道水流跨越河渠、道路、山冲、谷口等的架空交叉建筑物。钢筋混凝土渡槽的施工，分为预制装配和现场浇筑两种，而应用最广的是预制装配式渡槽，其优点在于质量好、工期短，并且节省劳力、木材和资金。本节仅介绍预制钢筋混凝土装配式渡槽的施工工艺。

（一）构件的预制

1. 排架的预制

排架的预制场宜选择在槽址附近的平整处，其制作方式有地面立模和阴胎模两种。

（1）地面立模

在平坦夯实的地面之上，涂抹一层厚 0.5~1.0 cm 的水泥黏土砂浆（按 1∶3∶8 的比例配制），压抹光滑后作为底模。立上侧模并涂刷隔离剂，安放好钢筋骨架，即可浇筑排架混凝土。当混凝土强度超过设计强度的 75%时，方可将构件脱模移位，以便预制场地的周转使用。

（2）阴胎模

用砌砖或夯实土制成阴胎模，其内侧抹一层水泥黏土砂浆，涂上隔离剂，再安放好钢筋骨架，浇筑构件混凝土。使用土模应做好四周排水工作。

当排架高度超过 15 m 和起重设备能力受限时，可采用分段预制、空中榫接的施工方法。分段预制的排架，在榫接处的端头部位应增焊一段角钢和钢板，并要求接头处上下端的钢板紧密交接、角钢保持同一直线。在构件吊装定位并经榫接校正固定之后，应立即将上下端的角钢和钢板焊接牢固。

2. 槽身的预制

考虑到设备的起重能力，U 形槽身多为分跨整节预制，矩形槽身则有分跨整节预制与一跨分节（段）预制两种。

整体槽身的预制地点，宜在两根排架之间或一侧。预制的槽身呈垂直于或平行于渡槽纵向轴线的方向布置，以便整体吊装。

U 形薄壳梁式槽身的预制有两种浇筑方式，即槽口向上的正置浇筑与槽口向下的反置浇筑。正置浇筑便于拆除内模，吊装无须翻身，但底部混凝土不易捣实，适用于大型渡槽或槽身不便翻身的情况。反置浇筑拆模早，便于周转使用，混凝土浇筑质量好，但吊装时必须先翻身。

3. 拱肋的预制

拱肋的预制方法有立式和卧式两种。对大跨度渡槽的拱肋和倒T形、槽形截面的拱肋，宜采用立式预制。立式预制起吊运输方便，受力状态较好。卧式预制的拱肋，需要增加侧向受力钢筋，以应对拱肋侧立时的侧向受力。拱肋预制要求放样准确，中线必须在同一平面内，拱轴线必须按预留拱度放样。吊环及横系梁预埋件的位置要准确无误，拱肋接头和肋座的施工质量应严格控制。

（二）渡槽的吊装

装配式渡槽吊装是渡槽施工中的重要环节，一般包括绑扎、起吊、就位、临时固定、校正、最后固定等工序。在正式吊装前应做好杯形基础准备、预制构件的地面运输与拼装、吊装设备就位与吊具检查等各项工作。

1. 排架的吊装

排架吊装分整体排架吊装和支柱与横梁分别吊装两种。用吊装机械吊住排架的顶部，可用滑行法（图 2-17）或旋转法（图 2-18）将排架插入基础杯口中。滑行法起吊构件时，起重机并不旋转，起重钩升起时排架柱脚逐渐向杯口滑行，直至柱身直立。旋转法是起重机边旋转边起钩，排架绕柱脚旋转而吊立，吊离地面后对准插入基础杯口。

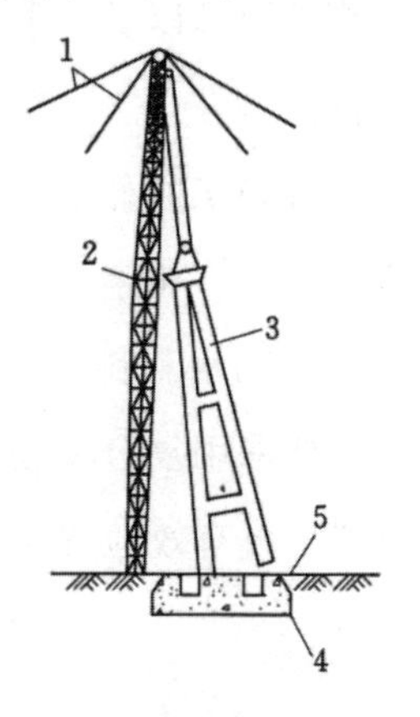

图 2-17 滑行法吊装排架

1—风缆；2—独脚扒杆；3—排架；4—杯形基础；5—地面

2. 槽身的吊装

槽身停放的位置应与起重机械相配合。当起吊的槽身底部已超过整体排架的顶部时，

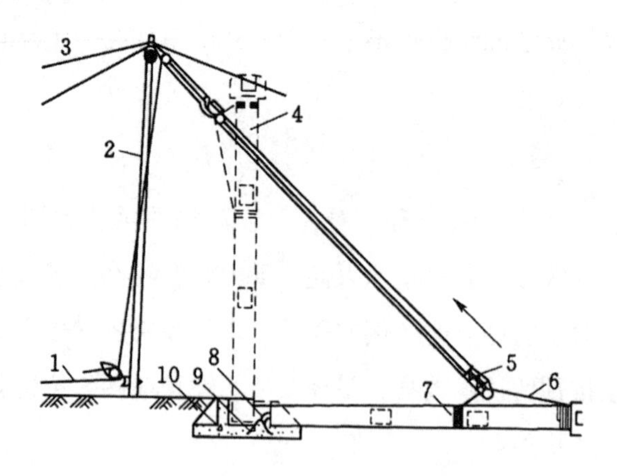

图 2-18　旋转法吊装排架

1—引向绞车方向；2—扒杆；3—缆索；4—竖起的排架；5—滑车组；6—吊索；
7—横卧排架；8—预埋于排架上的铰；9—预埋于基础上的铰；10—杯形基础

槽身即应对准槽架就位，校准无误后方可脱钩卸索。对于双支柱与横梁组成的排架，因为槽身是在两支架之间按纵轴线方向预制的，则应以主滑车组先吊槽身，再以副滑车组吊升横梁，当横梁就位固定之后槽身便可降至梁上，槽身经测量校正后应随即将横梁与支柱预埋钢件焊牢并浇筑二期混凝土。

（三）渡槽的缝隙处理

分节及分段预制的渡槽在吊装至排架顶部以后，下一步就应处理渡槽的缝隙，以确保渡槽的整体性、节间的抗渗性与抗裂性。

对分节施工的槽身，一般应采取对称施工的作业方案，吊装后节间应保留 1.5 mm 缝隙，并让混凝土槽身在空气中收缩 3 周以上。在年平均气温低于 10℃～15℃时，用膨胀混凝土填满缝隙。清华大学、河海大学、中国水利科学研究院等 10 余家联合攻关的一项最新成果表明，对于各跨槽身之间的伸缩缝采用复合橡胶止水带、聚乙烯嵌缝板和 GB 聚硫密封膏，外加丙乳砂浆保护的复合方式，可有效地解决渡槽节间的渗漏难题。

第三节　水利工程生态护坡技术

生态护坡处于河流生态系统和陆地生态系统的交错带，具有明显的边缘效应，它在满足河流泄洪、排涝以及稳定堤岸的同时，对于维持河床稳定，增加动植物物种种源、提高生物多样性和生态系统生产力、提高河流自净能力、改进邻近地区的微气候、开展休闲娱乐活动等方面均有重要的现实意义和潜在价值。

生态护坡是综合工程力学、土壤学、生态学和植物学等学科的基本知识对斜坡或边坡进行防护，形成由植物或工程和植物组成的综合护坡系统的护坡技术。开挖边坡形成以后，通过种植植物，利用植物与岩、土体的相互作用（根系锚固作用）对边坡表层进行防护、加固，使之既能满足对边坡表层稳定的要求，又能恢复被破坏的自然生态环境的护坡方式，是一种有效的护坡、固坡手段。

生态护坡技术应该是既满足河道护坡功能，又有利于恢复河道护坡系统生态平衡的系统工程。生态护坡技术可以分为植物护坡和植物工程措施复合护坡技术。植物护坡主要通过植被根系的力学效应（深根错固和浅根加筋）和水文效应（降低孔压、削弱溅蚀和控制径流）来固土，防止水土流失，在满足生态环境需要的同时，还可以进行景观造景。

一、铺草皮护坡技术

（一）技术特点

铺草皮是常用的一种护坡绿化技术，是将已培育且生长优良的草坪，用平板铲或起草皮机铲起，运至须绿化的坡面，按照一定的大小、规格重新铺植，使坡面迅速形成草坪的护坡绿化技术。

铺草皮是一种植被快速恢复方法，移植完毕后就可以在坡面形成植被覆盖，基本不受时间和季节限制，只要给予适当的管理，在一年之中的任何植物生长季节都可以移植。

草皮根据移植方式分为草皮块和地毯式草皮卷。

同直接撒播草种护坡相比，铺草皮护坡具有以下特点：

1. 成坪时间短

草种从播种到成坪所需的时间较长，一般需要 1~2 个月。采用平铺草皮方法，可实现“瞬时成坪”，因此，对于亟须绿化或植物防护的边坡，采用铺草皮是首选方法。

2. 护坡功能见效快

植物的防护作用主要通过它的地表植被覆盖和地下根系的力学加筋来实现，草坪在未成坪前对边坡基本起不到防护作用。铺草皮由于可即时实现草坪覆盖，因此，依靠其地表覆盖，在一定程度上可减弱雨水的溅蚀及坡面径流，降低水土流失，迅速发挥护坡功能。

3. 施工季节限制少

植物发芽都需要适宜的温度条件。冷季型草种的适宜播种季节是早春和夏末秋初，最适宜的气温为15 ℃~25 ℃；暖季型草种最适宜的播种季节是春末秋初，适宜的气温为20 ℃~25 ℃。在适宜季节外施工，草种的发芽率、生长都受到影响。平铺草皮则不存在此限制，一般除寒冷的冬季外，其他时间都可施工。

4. 前期管理难度高

新铺的草皮，容易遭受各种灾害，如病虫害、缺水、缺肥等，因此，在新铺草皮养护期间，必须加强管理。

（二）施工工艺

1. 工艺流程

施工准备→平整坡面→准备草皮→铺草皮→前期养护。

2. 施工方法

（1）平整坡面

清除坡面所有石块及其他一切杂物，翻耕20~30 cm，若土质不良，则须改良，增施有机肥，耙平坡面，形成草皮生长床，铺草皮前应轻震1~2次坡面，将松软土层压实，并洒水润湿坡面，理想的铺草皮土壤应湿润而不是潮湿。

（2）准备草皮

在草皮生产基地起草皮。起草皮前一天须浇水，一方面有利于起草皮作业，另一方面保证草皮中有足够的水分，不易破损，并防止在运输过程中失水。草皮切成长宽为30 cm×30 cm大小的方块，或宽30 cm、长2.0 m的长条形，草皮块厚度为2~3 cm。为保证土壤和草皮不破损，起出的草皮块放在用30 cm×30 cm的胶合板制成的托板上，装车运至施工场地；长条形的草皮可卷成地毯卷，装车运输。

有条件的地方，可采用起草皮机进行起草皮，草皮块的质量将会大大提高，不仅速度快，而且所起草皮的厚度均一，容易铺装。

草皮卷和草块的质量要求：覆盖度95%以上，草色纯正，根系密接，草块或草皮卷周边平直、整齐，以草叶挺拔鲜绿为标准。

（3）铺草皮

铺草皮时，把运来的草皮块顺次平铺于坡面上，草皮块与块之间应保留5 mm的间隙，不能重叠，以防止草皮块在运输途中失水干缩，遇水浸泡后出现边缘膨胀，块与块间的间隙填入细土。铺草皮时应尽量避免过分地伸展和撕裂。若是随起随铺的草皮块，则可紧密相接。

铺好的草皮在每块草皮的四角用尖桩固定，尖桩为木质或竹质，长20~30 cm，粗1~

2 cm。钉尖桩时，应使尖桩与坡面垂直，尖桩露出草皮表面不超过 2 cm。每铺完一批草皮，要用木槌把草皮全面拍一遍，以使草皮与坡面密贴。在坡顶及坡边缘铺草皮时，草皮应嵌入坡面内，与坡缘衔接处应平顺，以防止水流沿草皮与坡面间隙渗入，使草皮下滑。草皮应铺过坡顶肩部 100 cm，坡脚应采用砂浆抹面等进行处理。草皮卷和草皮块的运输、堆放时间不能过长，未能及时移植的草皮要存放在遮阴处，注意洒水保持草皮湿度。

（4）前期养护

①洒水：草皮从铺装到适应坡面环境健壮生长期间都须及时洒水，且每天均须洒水，每次的洒水量以保持土壤湿润为原则，每日洒水次数视土壤湿度而定，直至出苗成坪。

②病虫害防治：当草苗发生病害时，应及时使用杀菌剂防治病害。使用时，应掌握控制适宜的喷洒浓度。为防止抗药菌丝的产生，使用杀菌剂时，可以用几种效果相似的杀菌剂交替或复合使用。对于常发生的虫害如地老虎、蝼蛄、蛴螬、草地螟虫、黏虫等，可采用生物防治和药物防治相结合的综合防治方法。

③追肥：为了保证草苗能茁壮生长，在有条件的情况下，可根据草皮生长需要及时追肥。

二、液力喷播植草护坡技术

（一）技术特点

液力喷播技术是将草种、木纤维、保水剂、肥料、染色剂等与水的混合物通过专用喷播机喷射到预定区域建植成坪的高效绿化技术。由于其喷出的混合浆液具有很强的附着力和明显的区分色，可不遗漏、不重复地将种子喷射到目的位置，在边坡坡面形成一种均匀的毯状覆盖层。覆盖层依靠纤维的交织性和溶液的黏性相互连接并与土壤紧密结合，使植物种子紧紧黏附于坡面上，保水剂和其他营养元素能不断地为种子发芽提供所必需的水分和养分。

液力喷播植草是一种高速度、高质量和现代化的绿化技术，可在坡面形成比较稳定的坪床面，营造良好的生长条件，保证草种正常发芽。该技术具有以下特点：

1. 机械化程度高

液力喷播施工机械化程度很高。采用专用设备，且自重较大，一般需要车载移动，对行车条件和作业规模有一定要求。对于偏僻的零星边坡施工，液力喷播难显其优势。

2. 技术含量高

液力喷播植草专业化程度高、技术含量高。针对不同的土质坡面，需要专业人员配制合理的添加剂组分配方，来补充土壤所需的各种养分，达到均匀改良土壤表层理化状况的目的。并且，液力喷播植草解决了传统人工播种方法所遇到的技术难题，如草籽受风力影响飘移，陡坡播种困难、种子易受降雨冲刷流失等问题，实现了草种混播、着色、施肥、播种、覆盖等多种工序一次完成，在最大风力 5 级的情况下，也不影响喷播的效果。

3. 施工效率高，成本低

液力喷播在混合搅拌和输送喷射两个环节上能大幅度提高工作效率、降低劳动强度，这是决定喷播技术实施效果和效益的关键技术。液力喷播可大量减少施工人员和投入，如铺 10 000 m^2 草皮需要 77 个工作日，而液力喷播 1 台喷播机仅需 1~2 d，且成本单价不高。因此，液力喷播植草是一项低投入、高产出的技术。

4. 成坪速度快，草坪覆盖度大

由于液力喷播植草使种子和肥料等均匀地搅拌在一起，种子和幼苗能够充分和有效地吸收养分、水分。因此，种子萌发和幼苗生长迅速，成坪速度快，草坪覆盖度大。与人工植草相比，在相同坡度条件下液力喷播植草的成坪时间缩短 20~30 d，覆盖度提高 30%。

5. 草坪均匀度高，质量好

由于液力喷播的混合液搅拌均匀，喷播的速度也一致，因此，采用喷播建植的草坪均匀度很高。

（二）施工工艺

1. 工艺流程

施工准备→平整坡面→排水设施施工→喷播施工→覆盖保墒→前期养护。

2. 施工方法

草种使用前应测定发芽率，不易发芽的种子喷播前应进行催芽处理，其他主要材料应测定主要质量指标。

（1）平整坡面

边坡修整应自上而下，分段施工，不应上下交叉作业。交验后的坡面，采用人工细致整平，清除所有的岩石、碎泥块、植物、垃圾。对土质条件差、不利于草种生长的堤坝坡面，采用客土回填方式改良边坡表层土，回填客土厚度为 5.0~7.0 cm，并用水湿润，让坡面自然沉降至稳定。若 pH 值不适宜，尚须改良其酸碱度，一般改良土壤 pH 值应于播种前一个月进行，以提高改良效果。

（2）排水设施施工

边坡排水系统的设置是否合理和完善，直接影响到边坡植草的生长环境，对于长大边坡，坡顶、坡脚及平台均须设置排水沟，并应根据坡面水流量的大小考虑是否设置坡面排水沟。一般坡面排水沟横向间距为 40～50 m，排水沟的设置不应影响边坡稳定和植物生长。

（3）喷播施工

喷播前，应按照材料配比和顺序投入搅拌机内，经完全搅拌均匀后方能开始喷播（建议 20 min 为宜）。喷播枪操作手要根据浆液压力、射程和散落面大小有规律地、匀速地移动喷播枪口，保证喷播物能均匀地覆盖坡面；喷播顺序应先上后下、先难后易，喷播厚度应均匀，不得漏喷。对于干燥的坡面，喷播前应适当洒水，以增加土壤墒情。对于潮湿的坡面，应等到其土壤水分降低后再实施喷播，否则喷播物会顺坡面流失，难以与土壤黏合在一起。作业前应注意天气预报，在雨天或可能降雨时，应尽量避免喷播施工。喷播施工后的几个小时内如果有降雨，要及时采取防护措施。

喷播施工过程中应文明施工，减少对周围环境的影响。

（4）覆盖保墒

喷播后立即覆盖草帘子或无纺布，既可以避免草种被雨水冲刷流失，又可以实现保温保湿的作用。

（5）前期养护

①洒水养护：喷播后应及时洒水养护，用高压喷雾器使养护水成雾状均匀地润湿坡面。注意控制好喷头与坡面的距离和移动速度，保证无高压射流水冲击坡面形成径流。养护期限视坡面植被生长状况而定，一般不少于 45 d。

②病虫害防治：应定期喷广谱药剂，及时预防各种病虫害的发生。

③追肥：应根据植物生长需要及时追肥。

④及时补播：草种发芽后，应及时对稀疏无草区进行补播。

三、生态袋植被护坡技术

针对开挖坡度 65 °～75 °，甚至更大坡度，易发生滑坡和垮塌的边坡，宜采用生态袋生态护坡系统进行防护施工。

（一）技术特点

其核心技术是不可替代的高分子生态袋：用由聚丙烯及其他高分子材料复合制成的材料编织而成，耐腐蚀性强，耐微生物分解，抗紫外线，易于植物生长，使用寿命长达 70 年的高科技材料制成的护坡材料。主要特点是：它允许水从袋体渗出，从而减小袋体的静水压力；它不允许袋中土壤泻出袋外，达到了水土保持的目的，成为植被赖以生存的介质；袋体柔软，整体性好。

生态袋护坡系统通过将装满植物生长基质的生态袋沿边坡表面层层堆叠的方式在边坡表面形成一层适宜植物生长的环境，同时通过连接配件将袋与袋之间，层与层之间，生态袋与边坡表面之间完全紧密地结合起来，达到牢固的护坡作用。同时，随着植物在其上的生长，进一步地将边坡固定然后在堆叠好的袋面采用绿化手段播种或栽植植物，达到恢复植被的目的。由于采用生态袋护坡系统所创造的边坡表面生长环境较好（可达到 30～40 cm 厚的土层），草本植物、小型灌木甚至一些小乔木都可以非常好地生长，能够形成茂盛的植被效果。近年被广泛应用于各种恶劣情况下的边坡防护施工以及其他一些防护和生态修复领域。

（二）施工工艺

施工程序：

1. 施工准备，做好人员、机具、材料准备。挖好基础。

2. 清坡，清除坡面浮石、浮根。尽可能平整坡面。

3. 生态袋填充，将基质材料填装入生态袋内。采用封口扎带或现场用小型封口机封制。

4. 生态袋和生态袋结构扣及加筋格栅的施工：将生态袋结构扣水平放置两个袋子之间靠近袋子边缘的地方，以便每一个生态袋结构扣跨度两个袋子，摇晃扎实袋子以便每一个标准扣刺穿袋子的中腹正下面。每层袋子铺设完成后在上面放置木板并由人在上面行走踩踏，这一操作是用来确保生态袋结构扣和生态袋之间良好的连接。铺设袋子时，注意把袋子的缝线结合一侧向内摆放，每垒砌三层生态袋便铺设一层加筋格栅，加筋格栅一端固定在生态袋结构扣。在墙的顶部，将生态袋的长边方向水平垂直于墙面摆放，以确保压顶稳固。

5. 绿化施工，喷播：采用液压喷播的方式对构筑好的生态袋墙面进行喷播绿化施工，然后加盖无纺布，浇水养护。栽植灌木：对照苗木带的土球大小，用刀把生态袋切割一“丁”字小口，同时揭开被切的袋片；用花铲将被切位置土壤取出至适合所带土球大小，被取土壤堆置于切口旁边。用枝剪把苗木的营养袋剪开，完全露出土球，适当修剪苗木根系与枝叶；把苗木放到土穴中，然后用花铲将土壤回填到土穴缝边，同时扎土，直到回填完好，并且盖好袋片。对于刚插植完的苗木，必须浇透淋根水；后期按绿化规范管养。

四、三维植被网护坡技术

三维植被网是以热塑性树脂为原料，经挤出、拉伸等工序精制而成。它无腐蚀性，化学性稳定，对大气、土壤、微生物呈惰性。

三维植被网的底层为一个高模量基础层，采用双向拉伸技术，其强度高，足以防止植被网变形，并能有效防止水土流失。三维植被网的表层为一个起泡层，蓬松的网包以便填入土壤、种上草籽帮助固土，这种三维结构能更好地与土壤相结合。

作用：在边坡防护中使用三维植被能有效地保护坡面不受风、雨、洪水的侵蚀。三维植被网的初始功能是有利于植被生长。随着植被的形成，它的主要功能是帮助草根系统增强其抵抗自然水土流失能力。

（一）技术特点

1. 三维植被网的特点

由于网包的作用，能降低雨滴的冲击能量，并通过网包阻挡坡面雨水的流速，从而有效地抵御雨水的冲刷；网包中的充填物（土颗粒、营养土及草籽等）能被很好地固定，这样在雨水的冲蚀作用下就会减少流失；在边坡表层土中起着加筋加固作用，从而有效地防止了表面土层的滑移；三维植被网能有助于植被的均匀生长，植被的根系很容易在坡面土层中生长固定。三维植被网能做成草毯进行异地移植，能解决须快速防护工程的植被要求。

2. 三维网植草防护的特点

使边坡具有较大的稳定性，实施三维网植草后，草根生长与三维网形成地面网系，有效防止地表径流冲刷，而根系深入原状坡面深层，使坡面土层与三维网及草坪共同组成坡面防护体系，对坡面的稳定起到重要的作用；创造一个绿意浓郁的边坡生态环境，改善高速公路的景观，符合现行环境要求；工艺简单，操作方便、施工速度快；经济可行。

（二）施工工艺

三维网植草是一种新的边坡防护方式，该方法具有工艺操作方便、施工速度快、经济可行的特点，且一般能满足河道边坡防护和美化的要求，其施工程序与工艺如下：

边坡场地处理→挂网→固定→回填土→喷播草籽→覆盖无纺布→养护管理。

1. 边坡场地处理

在修整后的坡面上进行场地处理，首先清除石头、杂草、垃圾等杂物，然后平整坡面，使坡面流畅并要适当人工夯实，不要出现边坡凹凸不平、松垮现象。

2. 挂网

三维网（EM3）在坡顶延伸 50 cm 埋入截水沟或土中，然后自上而下平铺到坡肩，网与网间平搭，网紧贴坡面，无褶折和悬空现象。

3. 固定

选用 φ6 mm 钢筋和 8 号铁丝做成的 U 形钉进行固定，在坡顶、搭接处采用主锚钉固定。坡面其余部分采用辅锚钉固定。坡顶错钉间距为 70 cm，坡面锚钉间距为 100 cm。锚钉规格：主锚钉为（φ6 mm 钢筋）U 形钢钉，长 20~30 cm，宽 10 cm；辅锚钉为（8 号铁丝）U 形铁钉，长 15~20 cm，宽 5 cm，固定时，钉与网紧贴坡面。

4. 回填土

三维网固定后，采用干土施工法进行回填土，把黏性土、复合肥或沤制肥充分搅拌均匀，并分 2~3 次人工抛撒在边坡坡面上，第一次抛撒的厚度控制在 3~5 cm 为宜，第二次抛撒厚度 1~2 cm，回填直至覆盖网包（指自然沉降后）。每次抛撒完毕后，在抛撒土壤层的表面机械洒水，机械洒水时，水柱要分散，洒水量不能太多，以免造成新回填土流失，目的是使回填的干土层自然沉降，并要进行适度夯实，防止局部新回填土层与三维网脱离。要求填土后的坡面平整，无网包外露。所选用的黏性土应颗粒均匀，显粉末状，无石块与其他杂物存在，肥料可采用进口复合肥（N：P：K=15：15：15）或堆区基肥。

采用干土施工法具有施工操作简单，对路面不会造成污染等优点。

5. 喷播草籽

喷播草籽：采用液压喷播绿化技术，其原理及操作方法是应用机械动力，液压传送，将附有促种子萌发小苗木生长的种子附着剂、纸纤维、复合肥、保湿剂、草种子和一定量的清水，溶于喷播机内经过机械充分搅拌，形成均匀的混合液，而通过高压泵的作用，将混合液高速均匀喷射到已处理好的坡面上，附着在地表与土壤种子形成一个有机整体，其集生物能、化学能、机械能于一体，具有效率高、成本低、劳动强度小、成坪快的优点。草种配比：根据边坡的自然条件、立地条件、土壤类型等客观因素科学地进行草种配比，使其能在边坡坡面上良好生长，形成“自然、优美”的景观。使用的具体品种及用量视现场而定。

6. 覆盖无纺布

根据施工期间气候情况及边坡的坡度，来确定在喷播表面层盖单层或多层无纺布，以减少因强降水量造成对种子的冲刷，同时也减少边坡表面水分的蒸发，从而进一步改善种子的发芽、生长环境。

7. 养护管理

苗期注意浇水，确保种子发芽、生长所需的水分；适时揭开无纺布，保证草苗生长正常；适当施肥，一般使用进口复合肥，为草坪生长提供所需养分；定时针对性地喷撒农药，定期清除杂草，保证草坪健康生长。成坪后的草坪覆盖率达到95%以上，一片葱绿、无病虫害。

五、生态混凝土护坡技术

生态混凝土又称多孔混凝土、环境友好型混凝土，是由骨料、水泥和添加剂组成，采用特殊工艺制作，具备生态系统基本功能，满足生物生存要求的多孔材料。与传统混凝土相比，生态混凝土最大特点是内部有连续孔隙结构，具有类似土壤的透水、透气性，孔除率可达20%~30%，为植物生长和微生物富集提供了良好基质。在这种混凝土上覆土植被，能将混凝土的硬化与生态绿化有机结合起来，使混凝土与自然和谐相处，实现对堤坝边坡的防护，将防止波浪冲刷、维护生态、水体净化和景观美化集于一体。

（一）技术特点

生态混凝土护坡具有以下特点：

1. 透水效果好。生态混凝土的多孔特性，使其具有较强的透水性，有效连通地下水及地表水；当水位骤降时，能及时排出坡体内孔院水，确保边坡稳定安全。

2. 水土保持效果好。生态混凝土具有定强度，耐冲刷，抗侵蚀的特点；并且植物生根发芽后可与生态混凝土共同作用，提高边坡整体防护能力，起到防止水土流失的作用。

3. 绿化效果好。生态混凝土表面及内部存在大量蜂窝状孔洞，便于培植植被，绿化混凝土表面。

4. 具有水质净化效应。主要表现在以下三方面：①物理作用：生态混凝土的多孔特性能有效吸附和滤除水中污染物；②化学作用：其析出的 AP^{+}、Mg^{2+}等物质可使水中胶体物质脱稳、絮凝而沉淀，并且可通过化学作用有效去除氮磷等营养物质，降低水体的营养等级；③生物化学作用：生态混凝土表面及内部能够富集微生物群落，形成了污染物、细菌、原生动物、后生动物的完整生态链。

5. 工程造价较低。水泥用量比普通混凝土少1/4~1/3；粗骨料除可采用碎石、卵石外，还可利用炉渣、建筑垃圾等材料，并且生态混凝土不用砂料，简化了材料运输及现场管理，有效降低了生产成本。

（二）施工工艺

生态混凝土护坡施工流程见图 2-19。

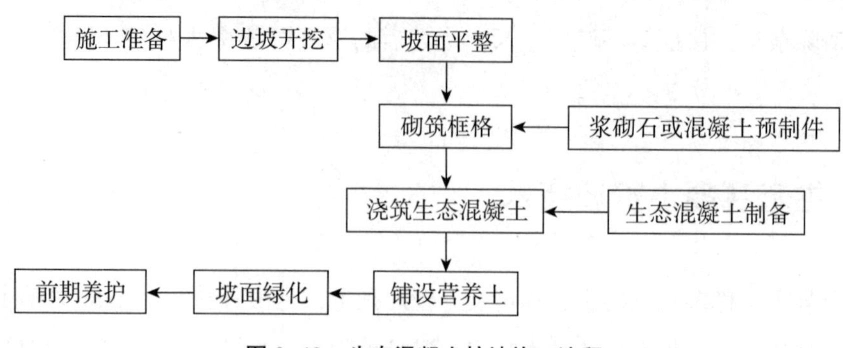

图 2-19　生态混凝土护坡施工流程

1. 边坡开挖

根据现场情况，结合施工图设计确定开挖边界，放线后进行场地开挖。边坡尽量避免超挖。对清除的表土应外运至弃土场，不得重新用于填筑边坡；对可利用的种植土料宜进行集中和贮备，并采取防护措施。

2. 坡面平整

按照设计坡比削坡开挖后，及时清理坡面并夯实平整。坡面不得有浮石、杂草、树根、建筑垃圾和洞穴等。清理完成后，应采用压实机械压实坡面，压实度不宜小于 0.95。当坡面土壤不符合要求时，应覆盖适合植物生长的土料并压实，也可铺设营养土工布。

3. 砌筑框格

施工生态混凝土前，在坡面上构筑框格，可采用 M7.5 浆砌石砌筑或 C20 混凝土预制件拼装，用水泥勾缝。砌筑框格时应同时将坡脚修建完善，可采用抛石护脚或钢筋混凝土护脚，护脚构建应符合《堤防工程设计规范》（GB 50286—2013）等相关标准要求。

4. 浇筑生态混凝土

严格按照配合比现场搅拌、制备和浇筑生态混凝土；浇筑生态混凝土前应预先在底面铺设一层小粒径碎石，生态混凝土浇入框格中后应及时平整并采用微型电动抹具压平或人工压实表面，保证与框架紧密结合，不宜采用大功率振捣器进行振捣，以防出现沉浆现象；生态混凝土浇筑厚度应满足设计要求，浇筑作业时间不宜过长，避免骨料表面风干。现浇混凝土浇筑后覆盖，养护 7～14 d，根据天气情况洒水保持混凝土湿度。浇筑完生态混凝土后，应在坡顶、两侧采用混凝土封边、压顶，提高生态混凝土护坡的整体性和抗冲刷能力。

当采用预制生态混凝土构件铺设时，应采用专用的构件成型机一次浇筑成型；构件铺设时应整齐摆放，确保平整、稳定，缝隙应紧密、规则，间隙不宜大于 4 mm；相邻构件边沿宜无错位，相对高差不宜大于 3 mm。安装时应从护坡基脚开始，由护坡底部向护坡顶部有序安装；安装要符合外观质量要求，纵、横及斜向线条应平直；坡脚及封顶处的空缺采用生态混凝土现场浇筑补充。

5. 铺设营养土

营养土铺设前应对生态混凝土空隙进行填充，填充材料应按生态混凝土盐碱改性要求和营养供应要求配制好，并摊铺在生态混凝土表面，厚度为生态混凝土厚度的25%~30%。填充方法主要有吹填法、水填法和振填法。

营养土即为种植土料（含配合土），应进行必要的筛分，去除乱石、树根、块状黏土等，不得有建筑垃圾等杂物。土料含水率不应小于15%，土料过干时应在回填后的土料表面喷洒少量水。铺设土料时可人工摊平并轻压，摊平后的土料平均厚度不宜大于20mm。

6. 坡面绿化

覆土完成后及时进行绿化作业，可采用播种、铺设草卷、栽种、扦种等方式，也可选用喷播方式。

植物选配应依据实际工程所在地气候、土壤及周边植物情况确定，植物物种须抗逆性强且多年生，根系发达，生长迅速，能短时间内覆盖坡面，适用粗放管理，种子（幼苗）易得且成本合理。

7. 前期养护

播种完成后应每天进行洒水养护，每次的洒水量以保持土壤湿润为原则，直至出苗。在根系还未达到生态混凝土以下土层前应适时追肥，并根据种植情况适时防治季节性病虫害。

播种绿化植物的分蘖期，是植物能否顺利生长的关键时期，尤其是当局部盐碱改良材料充灌不均时，常出现草叶烂尖、叶面钝化、黄瘦倒伏等盐碱中毒现象，可采取补充盐碱改良材料、更换植草品种等补救措施。

第四节　水利工程监测技术分析

一、水环境质量监测的内容

（一）水环境质量监测的对象

水环境监测的对象，可分为受纳水体的水质监测和污染源监测。前者包括地表水和地下水；后者包括工业废水、生活污水、医院污水等。对其进行监测的目的概括为以下几方面：

1. 对江、河、水库、湖泊、海洋等地表水和地下水中的污染因子进行经常性的监测，以掌握水质现状及其变化趋势。

2. 对生产、生活等污（废）水排放进行监视性监测，掌握污（废）水排放量及其污染物浓度和排放总量，评价是否符合排放标准，为污染源管理提供依据。

3. 对水环境污染事故进行紧急监测，为分析判断事故原因、危害及制定对策提供依据。

4. 为国家政府部门制定水环境保护标准、法规和规划提供有关数据和资料。

5. 为开展水环境质量评价和预测预报及进行环境科学研究提供基础数据和技术手段。

（二）水环境质量监测的一般程序

水环境质量监测的基本程序如图 2-20 所示。

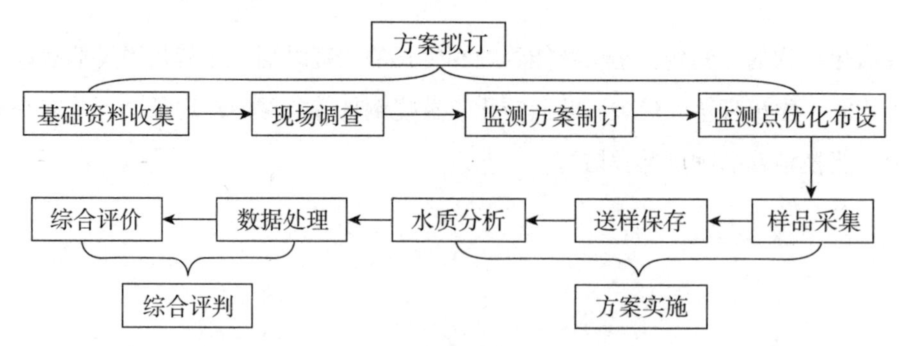

图 2-20　水环境质量监测的基本程序

（三）水环境质量监测的指标

反映水环境质量的指标很多，大致可分为以下内容：

1. 物理性指标，如水温、颜色、臭味、悬浮物、电导率、浊度、矿化度、氧化还原电位。

2. 金属化合物类，如酸度、碱度、pH 值、溶解氧、氯化物、氟化物、含氮化合物、含磷化合物、硫化物等。

3. 有机化合物类，如化学需氧量、高锰酸盐指数、生化需氧量、总有机碳、总需氧量、总磷、总氮、挥发酚、矿物油等。

4. 微生物类指标，如细菌总数、粪大肠菌群、总大肠菌群数等。

（四）监测指标的选择

应按水污染的实际情况确定水污染监测指标。根据我国城市水污染的一般特征和当前的监测水平，按一般环境质量评价的要求，监测指标大体上可分为以下几类：

1. 常规组分监测。包括钾、钠、钙、镁、硫酸盐、氯化物、重碳酸盐、pH 值、总溶解性固体、总硬度、耗氧量、氨氮、硝酸盐氮、亚硝酸盐氮等。

2. 有害物质监测。应根据工业区和城市中厂矿、企业类型及主要污染物确定监测项目，一般常见的有汞、铬、镉、铜、锌、砷等；有机有毒物质；酚、氰以及工业排放的其他有害物质。

3. 细菌监测。可取部分控制点或主要水源地进行监测。

4. 专项监测。对于一些特定污染组分，根据水质基本状况进行专项监测。

在实际工作中，应根据下列因素确定具体的监测指标：选择对水体环境影响大的指标；选择已有可靠的监测技术并能获得准确数据的指标；已有水质标准或其他规定的指标；在水中含量已接近或超过规定的标准浓度和总量指标，并且污染趋势还在上升的指标；被分析样品具有广泛代表性。

具体监测指标可针对不同水体环境、按水体（地表水、地下水）环境质量标准加以确定。表 2-2 所示为地表水监测项目。表 2-3 所示为地下水监测项目。

表 2-2　地表水监测项目

	必测项目	选测项目
河流	水温、pH 值、悬浮物、总硬度、电导率、溶解氧、高锰酸钾指数、五日生化需氧量、氨氮、硝酸盐氮、亚硝酸盐氮、挥发酚、氰化物、氟化物、硫酸盐、氯化物、六价铬、总汞、总砷、镉、铅、铜、大肠菌群（共 23 项）	硫化物、矿化度、非离子氨、凯氏氮、总磷、化学需氧量、溶解性铁、总锰、总锌、硒、石油类、阴离子表面活性剂、有机氯农药、苯并［a］芘、丙烯醛、苯类、总有机碳（共 17 项）
饮用水源地	水温、pH 值、悬浮物、总硬度、电导率、溶解氧、高锰酸盐指数、五日生化需氧量、氨氮、硝酸盐氮、亚硝酸盐氮、挥发酚、氰化物、氟化物、硫酸盐、氯化物、六价铬、总汞、总砷、镉、铅、铜、大肠菌群、细菌总数（共 24 项）	铁、锰、铜、锌、硒、银、浑浊度、化学需氧量、阴离子表面活性剂、六六六、滴滴涕、苯并［a］芘、总 α 放射性、总 β 放射性（共 14 项）
湖泊水库	水温、pH 值、悬浮物、总硬度、透明度、总磷、总氮、溶解氧、高锰酸盐指数、五日生化需氧量、氨氮、硝酸盐氮、亚硝酸盐氮、挥发酚、氰化物、氟化物、六价铬、总汞、总砷、镉、铅、铜、叶绿素 a（共 23 项）	钾、钠、锌、硫酸样、氯化物、电导率、溶解性总固体、侵蚀性二氧化碳、游离二氧化碳、总碱度、碳酸盐、重碳酸盐、大肠菌群（共 13 项）

表 2-3　地下水监测项目

必测项目	选测项目
pH 值、总硬度、溶解性总固体、氯化物、氟化物、硫酸盐、氨氮、硝酸盐氮、亚硝酸盐氮、高锰酸盐指数、挥发酚、氰化物、砷、汞、六价铬、铅、铁、锰、大肠菌群（共 19 项）	色、臭、味、浑浊度、肉眼可见物、铜、铅、钼、钴、阴离子合成洗涤剂、碘化物、硒、铍、钡、镍、六六六、滴滴涕、细菌总数、总 α 放射性、总 β 放射性（共 20 项）

二、水环境质量监测的方法

（一）物理性指标的监测方法

物理性指标主要有水温、色度、浊度、透明度、臭与味等，常用的测定方法见表 2-4。

表 2-4 物理性指标测定方法

物理性指标	测定方法
水温	水温计法，深水温度计法，颠倒温度计法
色度	铂钴标准比色法，稀释倍数法
浊度	分光光度法，目视比浊法，浊度计测定法
透明度	铅字法，塞式盘法
臭与味	定性描述法，嗅阈值法

（二）金属污染物的监测方法

水体中的金属元素有些是人体健康所必需的常量元素和微量元素。有些是有害于人体的，如铝、汞、镉、铬、铅、铜、锌、钒、砷等。受“三废”污染的地面水和工业废水中有害金属化合物的含量往往明显增加。金属污染物的检测方法主要有分光光度法、原子吸收分光光度法、火焰原子吸收法、单扫描极谱及阳极溶出伏安法等。

（三）有机物污染综合指标的监测方法

1. 有机物污染综合指标

目前，水中有机物已多达几百万种以上，对它们尚难以一一区分与定量。因此，在工程实际中常采用有机物污染综合指标来表述。主要有溶解氧（DO）、耗氧量或高锰酸盐指数（CODMn）、化学需氧量（CODCr）、生物化学需氧量（$BOD_{5,20}$）、总有机碳（TOC）、总需氧量（TOD）和活性炭氯仿萃取物（CCE）、紫外吸光度值（EUV）、污水的相对稳定度、可同化有机碳（AOC）等。其中 $BOD_{5,20}$、CODCr、TOC、TOD 是目前最常用的有机物污染综合指标。

2. 测定方法

有机物污染综合指标的常用测定方法见表 2-5。

表 2-5 有机物污染综合指标常用测定方法

指标	含义	常用测定方法	备注
DO	溶解于水中的氧（mg/L）	碘量法	
BOD	在有氧条件下，微生物降解有机物质的生物化学过程中所需要的氧量（mg/L）	碘量法：常用 $BOD_{5,20}$，即在温度 20 ℃下培养 5 日的生化需氧量	可反映水体中可生化有机物 50%~70%

续表

指标	含义	常用测定方法	备注
COD_{Mn}	一定条件下，用高锰酸钾作氧化剂处理水样所消耗氧化剂的量（mg/L）	碱性高锰酸钾法、酸性高锰酸钾法	检测范围 0.5~5.0 mg/L
COD_{Cr}	一定条件下，用重铬酸钾作氧化剂处理水样所消耗氧化剂的量（mg/L）	重铬酸钾法（回流消解-滴定法）	浓度 100 mg/L 以下不易准确测定
TOC	水中有机物总的碳含量（mg/L）	燃烧法	在高温下水中的碳酸盐、重碳酸盐也会生产二氧化碳，应该另测定扣除
TOD	水中有机物和还原性无机物在高温下燃烧生成稳定的氧化物时的需氧量（mg/L）	燃烧法	
CCE	水中有机物在给定条件下，吸附在活性炭上，然后用氯仿萃取所测定的有机物量（mg/L）	萃取法	
EUV	某些有机物对紫外线的吸光度	Euv（254），水中芳香烃、带共轭双键的化合物等有机物对紫外光有一定的吸收	适用于低浓度有机污染物测定水样的 EUV 值与水质腐殖质呈正相关
污水的相对稳定度	污水中氧的储备量（包括 DO、NO_3^-、NO_2^-）与该污水某一时刻 BOD 的百分比		污水的相对稳定度越低，表示污水中有机物的含量越高
AOC	可被水中微生物所利用的有机物		微污染水重要指标

（四）流量检测法

可用流速仪法、堰槽法、容器法、浮标法和压差法等方法，使用超声波式、电容式、浮子式或潜水电磁式污水流量计测量污水流量，所使用的流量计必须符合有关标准。

综上所述，水环境质量监测的一般方法见表 2-6。

表 2-6 水环境质量监测的一般方法

方法	检出限	常规测定项目
电位分析法	10^{-8} ~ 10^{-7} mol/L	F^-、I^-、CN^-、S^{2-}、Cl^-、Br^-等
库仑分析法	10^{-9}	COD、BOD、NO_x、O_3、SO_2、H_2S 等
极谱法	10^{-11} ~ 10^{-8} mol/L	Cu、Pb、Zn、Cd、Cr、Mn、As 等
发射光谱法	10^{-6} ~ 10^{-4} g	50 多种元素，主要是金属元素
原子吸收法	10^{-9} ~ 10^{-6} g	70 多种元素，主要是金属元素
原子荧光法	10^{-13} ~ 10^{-8} g	As、Se、Fe、Zn、Mg、Pb、Bi、Hg、Sb 等
分光光度法	10^{-5} ~ 10^{-3} mol/L	无机物、有机物
气相色谱法	10^{-9}	有机氯农药、有机磷农药、多氯联苯、多环芳烃、苯胺类、甲醛、苯、二甲苯等
液相色谱法	10^{-14}g	多环芳烃、苯胺类、酞酸酯类、除草剂
离子色谱法	10^{-14}g	Cl^-、F^-、PO_4^{3-}、NO_3^-、SO_4^{2-}、CO_3^{2-}、Na^+、K^-、NH_4^+ 等
质谱法	10^{-14} ~ 10^{-9} g	醇类、卤化物、同位素、有机物

三、水环境监测技术

（一）基于传感器网络的水环境监测

1. 监测节点

在由若干个监测节点及数据基站组成的网络中，监测节点之间通过 CC2420 模块与数据基站进行通信，监测节点作为一个独立的嵌入式设备，可以通过集成传感器或变送器，实现对水温、pH 值、溶解氧、浊度四种水质参数的监测，在硬件设计时预留了硬件接口，为后期增加传感器或变送器提供了方便，增强了其可拓展性，结合传感器网络的特性，为整个系统的广泛应用打下了基础。监测节点具有自动报警功能，当某监测节点监测到的数据超出设定正常范围时，或者监测节点遭到人为破坏导致监测功能异常时，该监测节点自动发出报警信息，报警信息通过数据基站转发至监测中心，服务器上的监测中心软件对报警信息进行显示并存储。

水环境中的水质参数受外界环境影响显著，不同时间、不同位置的水质参数也不同，因此，在对水质参数进行监测时，需要记录监测的具体时间及地理位置，这样监测到的数据才具有更高的准确度。监测节点之间相互独立，且监测节点以抛锚式固定在被监测水域中，但是其具体的地理信息需要通过 GPS 定位来获得，且各个监测节点须与数据基站之间的时钟同步，实现对污染源的定位及报警的功能。监测节点组成的网络范围较大，监测节点所在位置可能无法轻易到达，所以监测节点的续航能力尤其重要，且监测节点采用锂电池供电，对监测节点的低功耗设计要求更高，故采用软硬件相结合的低功耗设计，在保证正常工作的前提下尽可能延长监测节点的工作时间。

监测节点主要由控制器模块、数据采集模块、通信模块、外部存储模块、电源管理模块、时钟模块，以及其他一些外围电路组成。监测节点通过数据采集模块采集对应的水环境参数，数据通过控制器进行相关的处理后由通信模块中的 CC2420 将数据发送至数据基站，同时将采集到的数据存储在外部存储模块中。监测节点的 GPS 定位变送器和时钟模块提供相应的时间信息和地理位置信息，实现各监测节点与数据基站之间的时钟同步。另外，由于 GPS 定位变送器的功率较大，监测节点的硬件设计中加入了低功率继电器，当监测节点处于休眠状态时，可将 GPS 定位变送器关闭，以减少电能的损耗。

2. 数据基站

数据基站的作用是向监测节点发送命令，同时接收监测节点发送的监测数据，并将接收的监测数据根据协议封装成帧后发送至监测中心，数据基站与监测中心之间通过 GPRS 模块进行通信，每一个数据基站主要负责对分布在其所在的传感器子网络中的监测节点进行数据采集和状态监测。数据基站除了不具备数据采集模块，具有监测节点所具有的其他一切功能，且增加了 GPRS 模块，用于与监测中心的服务器通信。在软件设计上，由于数据基站的任务较为繁多，既要承担多个监测节点的数据通信任务，又要负责与服务器进行通信，且不同任务的优先级也不同，为了实现根据优先级的高低进行任务的调配的目的，数据基站以 OSAL 作为系统资源管理机制，充分利用该机制所具备的任务优先级管理功能，完成多任务调度工作。由于 GPRS 模块的功率较大，且数据基站须用较高频率才能发送命令及监测数据，故采用固定电源供电的方式为其提供电能。

3. 水环境监测中心

监测中心由服务器及监测中心软件组成，监测中心软件采用 C#语言编程实现，连接 SQL 数据库，通过 GPRS 模块与数据基站进行数据通信，显示并存储接收的监测数据，且能发送相关命令至数据基站，实现对传感器节点和数据基站的实时控制。监测中心软件界面能直观地反映出监测系统中各监测节点监测到的历史数据及实时数据、报警信息等，且数据信息存储到 SQL 数据库内，实现数据的显示和查询。

（二）水质定量遥感监测

1. 水质定量遥感监测的基本原理

当前，许多地区采用的水质监测方法仍是依靠人工方式在水环境监测断面上采集的水样数据为基础。而后在实验室中做进一步具体的分析与研究工作，通常普遍是利用单一或综合参数的评价法对采样区的水质情况评价与分析。从准确性的角度出发，采用这种方法能够对种类众多的水质情况给出符合实际情况的分析和评价。但是从采样区的范围考虑，采集的样本数据在数量上会存在很大的限制，只对局部地区具有代表意义，不能反映水域的整体水质情况，并且检测成本昂贵、耗费时间长，最终导致无法实现对水质情况进行实时、大规模监测。利用遥感技术对研究区进行水质遥感监测能够在很大程度上反映水质参数在时空上的演变情况。随着水质光谱参数特征及反演算法研究工作的不断深入，基于遥感的水质监测工作更进一步从定性研究评价发展到定量估值。电磁波与水体之间相互作用的过程具体描述如下：太阳辐射在从大气进入水体界面的过程中，首先经历散射的过程，剩余的经过折射进入水体，在水体中还会受到多种组分散射与吸收作用。同时，考虑到水体或存在于水体中的悬浮物组成成分存在的差异，也会使水体的一些典型参数，如颜色、透明度、密度等存在不同。因此，在传感器接收部分的设置中，主要由三部分作为其辐射亮度的接收部分，分别为太阳辐射经过大气散射被传感器吸收，太阳辐射在经过水体的反射后被传感器吸收，水体的后向散射光与底部反射光被传感器吸收，在这一部分的反射信息中心包含有相关水色信息，可以很好地用来进行水质监测，也称为“离水水体辐射亮度”。

对于水体反射而言，水体中包含成分的含量存在区别，其反射光谱会具有明显的差异，其原因是组分间存在不同的波段吸收和散射作用，其结果就是波长范围内的反射率会存在显著的差异，这也奠定了遥感定量监测的基础。通过利用遥感监测值与水体中对应的组分含量之间建立一个关系模型，计算得到各组分的浓度值。借助遥感观测值与水体中组分浓度两者之间建立的关系表达式，可以求解出各组分含量的一个浓度值。因此，从数学角度来看，可以将水质参数的定量遥感监测归结为数学参数估值的范畴。

2. 水质定量遥感监测方法

当前，基于遥感数据进行水质反演的方法主要有三种。在这三种方法中应用最为普遍的是基于经验或半经验的方法，其具体方法是通过建立水质参数与遥感数据之间直接的函数关系来估计水质参数的值。

（1）理论分析方法

理论分析方法是基于大气辐射传输理论及模型，应用遥感数据获取光谱反射率或者辐射值，将实际吸收与散射的系数进行比值计算，并与水体中各组分之间建立相关性模型，计算出各组分的含量的方法。在20世纪70年代和80年代初，一些学者开始在这条途径上，在一定的理论支撑下，建立了一系列用来预测叶绿素浓度的模型。但是由于基础理论不够完善，利用模型假设进行简化处理后得到的预测值无法满足精度要求。随后又有学者开始研究水体表面与水体内的辐射反射率在光学参数上的联系。这种方法多用于理论研究，可移植性差。

（2）经验法

经验法是通过在水质遥感监测过程中将多光谱遥感数据进行应用而发展起来的。在实际工作经验的基础上，通过对遥感的多波段数据和实地采集的实测数据进行相关性分析，对上述统计结果进行对比，选取相关性高的单波段或多波段组合与对应水质参数的实测数据进行统计分析来建立模型算法，进行反演演算。该方法是一种简洁易用的模型，它也可以构建相对复杂的回归模型来提高所求水质参数的反演精度。但由于遥感数据与实测数据之间并不具备严谨的相关性，使得建立的反演模型会受到地区的限制，无法进行推广性使用。

（3）半经验法

顾名思义，半经验法是指不完全基于工作经验来构建反演模型的方法，它是通过对已知水质光谱特性的分析，选择最合适的波段或波段组合对相关水质参数的值进行估算。然后再对相关性分析中的相关变量进行选定一指定的研究区域与单波段（或波段组合），也可以借助光学变量与水质参数之间的物理关系，推测出遥感数据与水体参数之间的关系模型，并基于这个关系模型来对水质参数进行反演分析。国外的学者巴克顿（Buckton）利用遥感数据对三类水质参数进行了反演分析，并取得了良好的效果。

经验方法和半经验方法需要采用适当的数字统计分析方法来进行实现，常见的统计分析方法有线性回归、多元线性回归、多项式回归、聚类分析、Bayes分析、灰色理论系统等。

第三章 水利工程施工的组织管理

我国水利工程建设正处于高峰阶段，是目前世界上水利工程施工规模最大的国家。近几年，我国水利工程施工的新技术、新工艺、新装备取得了举世瞩目的成就。在基础工程、堤防工程、导截流工程、地下工程、爆破工程等许多领域，我国都处于领先地位。在施工关键技术上取得了新的突破，通过大容量、高效率的配套施工机械装备更新改建，我国大型水利工程施工速度和规模有了很大提高。新型机械设备在堤坝施工中的应用，有效提高了施工效率。系统工程的应用，进一步提高了施工组织管理的水平。

第一节 水利工程施工的进度管理

一、进度的概念

进度通常是指工程项目实施结果的进展情况。在工程项目实施过程中要消耗时间（工期)、劳动力、材料、成本等才能完成项目的任务。在现代工程管理中，对于进度有了新的定义，它将工程项目任务、工期、成本等有机地结合在一起，形成一个综合的指标，来全面反映项目的实施状况。进度控制已不只是传统的工期控制，而且将工期与工程实物、成本、劳动消耗、资源等统一起来。

二、进度指标

进度控制的基本对象是工程活动。它包括项目结构图上各个层次的单元，上自整个项目，下至各个工作包（有时直到最低层次网络上的工程活动）。项目进度状况通常是通过各工程活动完成程度（百分比）逐层统计汇总计算得到的。进度指标的确定对进度的表达、计算、控制有很大影响。由于一个工程有不同的子项目、工作包，它们工作内容和性质不同，必须挑选一个共同的、对所有工程活动都适用的计量单位。通用的进度指标有持续时间、按工程活动的结果状态数量描述、已完成工程的价值量、资源消耗指标。

三、进度拖延原因分析

项目管理者应按预定的项目计划定期评审实施进度情况，分析并确定拖延的根本原因。

进度拖延是工程项目过程中经常发生的现象，各层次的项目单元，各个阶段都可能出现延误，分析进度拖延的原因可以采用以下几种方法：

1. 通过工程活动（工作包）的实际工期记录与计划对比确定被拖延的工程活动及拖延量。

2. 采用关键线路分析的方法确定各拖延对总工期的影响。由于各工程活动（工作包）在网络中所处的位置（关键线路或非关键线路）不同，其对整个工期拖延的影响也不同。

3. 采用因果关系分析图（表），影响因素分析表，工程量、劳动效率对比分析等方法，详细分析各工程活动（工作包）对整个工期拖延的影响因素及各因素影响量的大小。

进度拖延的原因是多方面的，包括工期及计划的失误、边界条件变化、管理过程中的失误和其他原因。

（一）工期及计划的失误

计划失误是常见的现象。人们在计划期将持续时间安排得过于乐观。计划失误包括：

1. 计划时忘记（遗漏）部分必需的功能或工作。

2. 计划值（如计划工作量、持续时间）不足，相关的实际工作量增加。

3. 资源或能力不足，例如，计划时没考虑到资源的限制或缺陷，没有考虑如何完成工作。

4. 出现了计划中未能考虑到的风险或状况，未能使工程实施达到预定的效率。

5. 在现代工程中，上级（业主、投资者企业主管）常常在一开始就提出很紧迫的工期要求，使承包商或其他设计人，供应商的工期太紧，而且许多业主为了缩短工期，常常压缩承包商的做标期、前期准备的时间。

（二）边界条件变化

1. 工作量的变化可能是由于设计的修改，设计的错误，业主新的要求、修改项目的目标及系统范围的扩展造成的。

2. 外界（如政府、上层系统）对项目新的要求或限制，设计标准的提高可能造成项目资源的缺乏，使得工程无法及时完成。

3. 环境条件的变化，如不利的施工条件不仅造成对工程实施过程的干扰，有时直接要求调整原来已确定的计划。

4. 发生不可抗力事件，如地震、台风、动乱、战争等。

（三）管理过程中的失误

1. 计划部门与实施者之间，总分包商之间，业主与承包商之间缺少沟通。

2. 工程实施者缺乏工期意识，例如，管理者拖延了图纸的供应和批准，任务下达时缺少必要的工期说明和责任落实，拖延了工程活动。

3. 项目参加单位对各个活动（各专业工程和供应）之间的逻辑关系（活动链）没有清楚的了解，下达任务时也没有做详细的解释，同时对活动的必要的前提条件准备不足，各单位之间缺少协调和信息沟通，许多工作脱节，资源供应出现问题。

4. 由于其他方面未完成项目计划规定的任务造成拖延。例如，设计单位拖延设计，运输不及时，上级机关拖延批准手续，质量检查拖延，业主不果断处理问题等。

5. 承包商没有集中力量施工、材料供应拖延、资金缺乏、工期控制不紧，这可能是由于承包商同期工程太多，力量不足造成的。

6. 业主没有集中资金的供应，拖欠工程款，或业主的材料、设备供应不及时。

（四）其他原因

由于采取其他调整措施造成工期的拖延，如设计的变更，质量问题的返工，实施方案的修改。

四、解决进度拖延的措施

（一）基本策略

对已产生的进度拖延可以有以下几种基本策略：

1. 采取积极的措施赶工，以弥补或部分地弥补已经产生的拖延。主要通过调整后期计划、采取措施赶工、修改网络等方法解决进度拖延问题。

2. 不采取特别的措施，在目前进度状态的基础上，仍按照原计划安排后期工作。但在通常情况下，拖延的影响会越来越大。有时刚开始仅一两周的拖延，到最后会导致一年拖延的结果。这是一种消极的办法，最终结果必然损害工期目标和经济效益。

（二）可以采取的赶工措施

与在计划阶段压缩工期一样，解决进度拖延有许多方法，但每种方法都有它的适用条件限制，必然会带来一些负面影响。在人们以往的讨论以及实际工作中，都将重点集中在时间问题上，这是不对的。许多措施常常没有效果，或引起其他更严重的问题，最典型的是增加成本开支，甚至导致现场的混乱和引起质量问题。因此，应该将它作为一个新的计划过程来处理。

在实际工程中经常采取如下赶工措施：

1. 增加资源投入。例如，增加劳动力、材料周转材料和设备的投入量。这是最常用的办法。它会带来如下问题：①造成费用增加，如增加人员的调遣费用、周转材料一次性费用、设备的进出场费用；②由于增加资源造成资源使用效率的降低；③加剧资源供应困难，如有些资源没有增加的可能性，加剧项目之间或工序之间对资源激烈的竞争。

2. 重新分配资源。例如，将服务部门的人员投入生产中去，投入风险准备资源，采用加班或多班制工作。

3. 减少工作范围。包括减少工作量或删去一些工作包（或分项工程），但这可能产生如下影响：①损害工程的完整性、经济性、安全性、运行效率或提高项目运行费用；②必须经过上层管理者，如投资者、业主的批准。

4. 改善工具、器具以提高劳动效率。

5. 提高劳动生产率。主要通过辅助措施和合理的工作过程，这里要注意以下几个问题：①加强培训，通常培训应尽可能地提前；②注意工人级别与工人技能的协调；③工作中的激励机制，例如奖金、小组精神发扬、个人负责制，目标明确；④改善工作环境及项目的公用设施（需要花费）；⑤项目小组时间上和空间上的合理组合和搭接；⑥避免项目组织中的矛盾，多沟通。

6. 将部分任务转移，如分包、委托给另外的单位，将原计划由自己生产的结构构件改为外购等。当然，这不仅有风险、产生新的费用，而且需要增加控制和协调工作。

7. 改变网络计划中工程活动的逻辑关系，如将前后顺序工作改为平行工作，或采用流水施工的方法。这又可能产生以下问题：①工程活动逻辑上的矛盾性；②资源的限制，平行施工要增加资源的投入强度，尽管投入总量不变；③工作面限制及由此产生的现场混乱和低效率问题。

8. 将一些工作包合并，特别是在关键线路上按先后顺序实施的工作包合并，与实施者一道研究，通过局部调整实施过程和人力、物力的分配达到缩短工期的目的。

（三）应注意的问题

在选择措施时，要考虑到以下几点：

1. 赶工应符合项目的总目标与总战略；

2. 措施应是有效的、可以实现的；

3. 花费比较省；

4. 对项目的实施及承包商、供应商的影响面较小。

在制订后续工作计划时，这些措施应与项目的其他过程协调。

在实际工作中，人们常常采用了许多事先认为有效的措施，但实际效力却很小，常常达不到预期的缩短工期的效果。主要原因有以下几种：

1. 这些计划是无正常计划期状态下的计划，常常是不周全的。

2. 缺少协调，没有将加速的要求措施、新的计划、可能引起的问题通知相关各方，如其他分包商、供应商、运输单位、设计单位。

3. 人们对以前造成拖延的问题的影响认识不清。例如，由于外界干扰到目前为止已造成拖延，而实质上，这些影响是有惯性的，还会继续扩大，所以即使现在采取措施，在一段时间内，拖延仍会继续扩大。

第二节　水利工程施工的合同管理

一、合同谈判与签约

（一）合同谈判的主要内容

1. 关于工程内容和范围的确认

（1）合同的标的是合同最基本的要素，建设工程合同的标的量化就是工程承包内容和范围。对于在谈判讨论中经双方确认的内容及范围方面的修改或调整，应和其他所有在谈判中双方达成一致的内容一样，以文字形式确定下来，并以“合同补遗”或“会议纪要”

方式作为合同附件并说明它构成合同的一部分。

（2）对于为监理工程师提供的建筑物、家具、车辆以及各项服务，也应逐项详细地予以明确。

（3）对于一般的单价合同，如发包人在原招标文件中未明确工程量变更部分的限度，则谈判时应要求与发包人共同确定一个“增减量幅度”，当超过该幅度时，承包人有权要求对工程单价进行调整。

2. 关于技术要求、技术规范和施工技术方案

3. 关于合同价格条款

合同依据计价方式的不同主要有总价合同、单价合同和成本加酬金合同，在谈判中根据工程项目的特点加以确定。

4. 关于价格调整条款

（1）一般建设工程工期较长，遭受货币贬值或通货膨胀等因素的影响，可能给承包人造成较大损失。价格调整条款可以比较公正地解决这一非承包人可控制的风险损失。

（2）价格调整。合同单价及合同总价共同确定了工程承包合同的实际价格，直接影响着承包人的经济利益。在建设工程实践中，价格向上调整的概率远远大于价格下调，有时最终价格调整金额会高达合同总价的10%甚至15%以上。因此，承包人在投标过程中，尤其是在合同谈判阶段务必对合同的价格调整条款予以充分的重视。

5. 关于合同款支付方式的条款

工程合同的付款分四个阶段进行，即预付款、工程进度款、最终付款和退还保留金。

6. 关于工期和维修期的条款

（1）被授标的承包人首先应根据投标文件中自己填报的工期及考虑工程量的变动而产生的影响，与发包人最后确定工期。关于开工日期，如可能时应根据承包人的项目准备情况、季节和施工环境因素等洽商一个适当的时间。

（2）对于单项工程较多的项目，应当争取（如原投标书中未明确规定时）在合同中明确允许分部位或分批提交发包人验收（如成批的房建工程应允许分栋验收，分多段的公路维修工程应允许分段验收，分多片的大型灌溉工程应允许分片验收等），并从该批验收时起开始算该部分的维修期，应规定在发包人验收并接收前，承包人有权不让发包人随意使用等条款，以缩短自己的责任期限，最大限度地保障自己的利益。

（3）承包人应通过谈判（如原投标书中未明确规定时）使发包人接受并在合同文本中明确承包人保留由于工程变更（发包人在工程实施中增减工程或改变设计）、恶劣的气候影响，以及种种“作为一个有经验的承包人也无法预料的工程施工过程中条件（如地质

条件、超标准的洪水等）的变化”等原因对工期产生不利影响时要求合理地延长工期的权利。

（4）合同文本中应当对保修工程的范围、保修责任及保修期的开始和结束时间有明确的说明，承包人应该只承担由于材料和施工方法及操作工艺等不符合合同规定而产生的缺陷。如承包人认为发包人提供的投标文件（事实上将成为合同文件）中对此的说明不满意时，应该与发包人谈判清楚，并落实在“合同补遗”上。

（5）承包人应力争以维修保函来代替发包人扣留的保留金，维修保函对承包人有利，主要是因为可提前取回被扣留的现金，而且保函是有时效的，期满将自动作废。同时，它对发包人并无风险，真正发生维修费用，发包人可凭保函向银行索回款项，因此，这一做法是比较公平的。维修期满后应及时从发包人处撤回保函。

7. 关于完善合同条件的问题

本部分内容主要包括：关于合同图纸；关于合同的某些措辞；关于违约罚金和工期提前奖金；工程量验收以及衔接工序和隐蔽工程施工的验收程序；关于施工占地；关于开工和工期；关于向承包人移交施工现场和基础资料；关于工程交付；预付款保函的自动减额条款。

（二）建设工程合同最后文本的确定和合同签订

1. 合同文件内容

（1）建设工程合同文件构成：合同协议书；工程量及价格单；合同条件（由合同一般条件和合同特殊条件两部分构成）；投标人须知；合同技术条件（附投标图纸）；发包人授标通知；双方代表共同签署的合同补遗（有时也以合同谈判会议纪要形式表示）；中标人投标时所递交的主要技术和商务文件（包括原投标书的图纸，承包人提交的技术建议书和投标文件的附图）；其他双方认为应该作为合同的一部分文件（如投标阶段发包人发出的变动和补遗、发包人要求投标人澄清问题的函件和承包人所做的文字答复、双方往来信件以及投标时的降价信等）。

（2）对所有在招投标及谈判前后各方发出的文件、文字说明、解释性资料进行清理，对凡是与上述合同构成相矛盾的文件，应宣布作废。可以在双方签署的合同补遗中，对此做出排除性质的声明。

2. 关于合同协议的补遗

在合同谈判阶段双方谈判的结果一般以合同补遗的形式表示，有时也可以合同谈判纪要形式形成书面文件。这一文件将成为合同文件中极为重要的组成部分，因为它最终确认了合同签订人之间的意志，所以在合同解释中优先于其他文件。为此，不仅承包人对它重视，发包人也极为重视，它一般是由发包人或其监理工程师起草。因合同补遗或合同谈判纪要会涉及合同的技术、经济、法律等所有方面，作为承包人主要是核实其是否忠实于合同谈判过程中双方达成的一致意见及其文字的准确性。对于经过谈判更改了招标文件中条款的部分，应说明已就某某条款进行修正，合同实施按照合同补遗某某条款执行。

同时应该注意的是，建设工程承包合同必须遵守法律，对于违反法律的条款，即使由合同双方达成协议并签了字，也不受法律保护。因此，为了确保协议的合法性，应由律师核实后才可对外确认。

3. 签订合同

发包人或监理工程师在合同谈判结束后，应按上述内容和形式完成一个完整的合同文本草案，并经承包人授权代表认可后正式形成文件，承包人代表应认真审核合同草案的全部内容。当双方认为满意并核对无误后由双方代表草签，至此合同谈判阶段即告结束。此时，承包人应及时准备和递交履约保函，准备正式签署承包合同。

二、合同管理的依据

1. 国家和主管部门颁发的有关政策、法令、法规和规定。

2. 项目法人向监理工程师授权范围文件。

3. 合同文件和合同规定的施工规范、规程与技术标准。

4. 经监理工程师审定发出的设计文件、施工图纸与有关的工程资料，以及监理工程师发出的书面通知和项目法人批准的重大合同变更（包括设计变更）文件。

5. 项目法人、监理工程师和承包人之间的信函，项目法人和监理工程师的各种指令、会议纪要等。[①]

三、合同管理的主要内容

1. 提供承包人进场条件。

2. 提供施工图纸及有关原始资料，并制定规范与标准。

3. 核查承包人进场人员、施工设备、材料和工程设备等。

4. 控制工程总进度。

---

① 赵启光．水利工程施工与管理［M］. 郑州：黄河水利出版社，2011.

5. 掌握承包人施工技术措施，监督和检查现场作业与施工方法。

6. 工程质量控制和工程竣工验收。

7. 检查施工安全和环境保护。

8. 控制工程投资和工程费用支付。

9. 研究和处理工程合同的变更。

10. 处理合同索赔。

11. 处理合同风险。

12. 处理合同违约。

13. 研究和处理合同争议。

14. 协调各合同承包人的关系。

15. 做好各种记录和信息管理工作，以及工程资料和合同档案的管理工作。

16. 编制工程验收报告和工程总结。

17. 编制工程建设大事记。

四、水利施工合同分析与控制

（一）施工合同分析

1. 在一个水利枢纽工程中，施工合同往往有几份、十几份甚至几十份，各合同之间相互关联。

2. 合同文件和工程活动的具体要求（如工期、质量、费用等）、合同各方的责任关系、事件和活动之间的逻辑关系错综复杂。

3. 许多参与工程的人员所涉及的活动和问题仅为合同文件的部分内容，因此合同管理人员应对合同进行全面分析，再向各职能人员进行合同交底以提高工作效率。

4. 合同条款的语言有时不够明了，必须在合同实施前进行分析，以方便进行合同的管理工作。

5. 在合同中存在的问题和风险包括合同审查时已发现的风险和还可能隐藏着的风险，在合同实施前有必要做进一步的全面分析。

6. 在合同实施过程中，双方会产生许多争执，解决这些争执也必须对合同进行分析。

（二）合同控制

1. 预付款控制

预付款是承包工程开工以前业主按合同规定向承包人支付的款项。承包人利用此款项进行施工机械设备和材料以及在工地设置生产、办公和生活设施的开支。预付款金额的上限为合同总价的五分之一，一般预付款的额度为合同总价的 10%～15%。

预付款的实质是承包人先向业主提取的贷款，是没有利息的，在开工以后是要从每期工程进度款中逐步扣除还清的。通常对于预付款，业主要求承包商出具预付款保证书。

工程合同的预付款，按世界银行采购指南规定分为以下几种。

（1）调遣预付款：用作承包商施工开始的费用开支，包括临时设施、人员设备进场、履约保证金等费用。

（2）设备预付款：用于购置施工设备。

（3）材料预付款：用于购置建筑材料。其数额一般为该材料发票价的 75% 以下，在月进度付款凭证中办理。

2. 工程进度款

工程进度款是承包商依据工程进度的完成情况，不仅要计算工程量所需的价格，还要增加或者扣除相应的项目款才为每月所需的工程进度款。此款项一般需承包商尽早向监理工程师提交该月已完工程量的进度款付款申请，按月支付，是工程价款的主要部分。

承包商要核实投标及变更通知后报价的计算数字是否正确、核实申请付款的工程进度情况及现场材料数量、已完工程量，项目经理签字后交驻地监理工程师审核，驻地监理工程师批准后转交业主付款。

3. 保留金

保留金也称滞付金，是承包商履约的另一种保证，通常是从承包商的进度款中扣下一定百分比的金额，以便在承包商违约时起补偿作用。在工程竣工后，保留金应在规定的时间退还给承包商。

4. 浮动价格计算

外界环境的变化如人工、材料、机械设备价格会直接影响承包商的施工成本。假若在合同中不对此情况进行考虑，按固定价格进行工程价格计算的话，承包商就会为合同中未来的风险而进行费用的增加，如果合同规定不按浮动价格计算工程价格，承包商就会预测到由合同期内的风险而增加费用，该费用应计入标价中。一般来说，短期的预测结果还是比较可靠的，但对远期预测就可能很不准确，这就造成承包商不得不大幅度提高标价以避免未来风险带来的损失。这种做法难以正确估计风险费用，估计偏高或偏低，无论是对业主和承包商来说都是不利的。为获得一个合理的工程造价，工程价款支付可以采用浮动价格的方法来解决。

5. 结算

当工程接近尾声时要进行大量的结算工作。同一合同中包含需要结算的项目不止一个，可能既包括按单价计价项目，又包括按总价付款项目。当竣工报告已由业主批准，该项目已被验收时，该建筑工程的总款额就应当立即支付。按单价结算的项目，在工程施工已按月进度报告付过进度款，由现场监理人员对当时的工程进度工程量进行核定，核定承包人的付款申请并付了款，但当时测定的工程量可能准确也可能不准确，所以该项目完工时应由一支测量队来测定实际完成的工程量，然后按照现场报告提供的资料，审查所用材料是否该付款，扣除合同规定已付款的用料量，成本工程师则可标出实际应当付款的数量。承包人自己的工作人员记录的按单价结算的材料使用情况与工程师核对，双方确认无误后支付项目的结算款。

第三节 水利工程施工的信息管理

随着科学技术的发展，信息化时代已经到来。信息技术已在工程建设活动中展露其无限的生机，工程的建设管理模式也随之发生了重大变化，很多传统的方式已被信息技术所代替。信息技术的高速发展和相互融合，正在改变着我们周围的一切。结合监理工作，我们认为，信息是对数据的解释，并反映了事物的客观状态和规律。从广义上来讲，数据包括文字、数值、语言、图表、图像等表达形式。数据有原始数据和加工整理以后的数据之分。无论是原始数据还是加工整理以后的数据，经人们解释并赋予一定的意义后，才能成为信息。这就说明，数据与信息既有联系又有区别，信息虽然用数据表现，信息的载体是数据，但并非任何数据都是信息。

信息管理就是信息的收集、整理、处理、存储、传递和使用等一系列工作的总称。信息管理的目的就是通过有组织的信息流通，使决策者能及时、准确地获得有用的信息。水利工程信息管理系统，就是充分利用“3S”（GIS、GPS、RS）技术，开发和利用水利信息资源，包括对水利信息进行采集、传输、存储、处理和利用，提高水利信息资源的应用水平和共享程度，从而全面提高水利工程管理的效能、效益和规范化程度的信息系统。

一、项目中的信息流

在项目的实施过程中产生如下几种主要流动过程：

（一）工作流

由项目的结构分解到项目的所有工作，任务书（委托书或合同书）确定了这些工作的实施者，再通过项目计划具体安排它们的实施方法、实施顺序、实施时间及实施过程。这些工作在一定时间和空间上实施，便形成项目的工作流。工作流即构成项目的实施过程和管理过程，主体是劳动力和管理者。

（二）物流

工作的实施需要各种材料、设备、能源，一般由外界输入，经过处理转换成工程实体，最终得到项目产品。由工作流引起的物流，表现出项目的物资生产过程。

（三）资金流

资金流是工程实施过程中价值的运动。例如，从资金变为库存的材料和设备，支付工资和工程款，再转变为已完工程，投入运营后作为固定资产，通过项目的运营取得收益。

（四）信息流

工程的实施过程需要不断产生大量信息。这些信息伴随着上述几种流动过程按一定的规律产生、转换、变化和被使用，并被传送到相关部门（单位），形成项目实施过程中的信息流。项目管理者设置目标，做决策，做各种计划，组织资源供应，领导、指导、激励、协调各项参加者的工作，控制项目的实施过程都是靠信息来实施的。即依靠信息了解项目实施情况，发布各种指令，计划并协调各方面的工作。

这四种流动过程之间相互联系、相互依赖又相互影响，共同构成了项目实施和管理的总过程。在这四种流动过程中，信息流对项目管理有特别重要的意义。信息流将项目的工作流、物流、资金流，以及各个管理职能、项目组织，将项目与环境结合在一起。它不仅反映而且控制并指挥着工作流、物流和资金流。例如，在项目实施过程中，各种工程文件、报告、报表反映了工程项目的实施情况，反映了工程实际进度、费用、工期状况，以及各种指令、计划，协调方案，又控制和指挥着项目的实施。只有项目神经系统的信息流通畅，才会有顺利的项目实施过程。

项目中的信息流包括以下两个主要的信息交换过程：

1. 项目与外界的信息交换

项目作为一个开放系统，与外界有大量的信息交换。这里包括以下内容：

（1）由外界输入的信息。例如环境信息、物价变动的信息、市场状况信息，以及外部系统（如企业、政府机关）给项目的指令、对项目的干预等。

（2）项目向外界输出的信息，如项目状况的报告、请示、要求等。

2. 项目内部的信息交换

项目内部的信息交换即项目实施过程中项目组织者因进行沟通而产生的大量信息。项目内部的信息交换主要包括以下内容：

（1）正式的信息渠道

信息通常在组织机构内按组织程序流通，属于正式的沟通。

一般有以下三种信息流：

①自上而下的信息流。通常决策、指令、通知、计划是由上向下传递，这个传递过程是逐渐细化、具体化，一直细化、具体到基层成为可以执行的操作指令。

②由下而上的信息流。通常各种实际工程的情况信息，由下逐渐向上传递，这个传递不是一般的叠合（装订），而是经过归纳整理形成的逐渐浓缩的报告。而项目管理者就是做这个浓缩工作，以保证信息浓缩而不失真。通常信息太详细会造成处理量大、没有重点，且容易遗漏重要说明；而太浓缩又会存在对信息的曲解或解释出错的问题。在实际工程中常会有这种情况，上级管理人员如业主、项目经理，一方面抱怨信息太多，桌子上一大堆报告没时间看；另一方面又不了解情况，决策时缺乏应有的可用信息。这就是信息浓缩存在的问题。

③横向或网络状信息流。按照项目管理工作流程设计的各个职能部门之间存在大量的信息交换，例如，技术人员与成本员、成本员与计划师、财务部门与计划部门、合同部门等之间存在的信息流。在矩阵式组织中以及在现代高科技状态下，人们已越来越多地通过横向或网络状的沟通渠道获得信息。

（2）非正式的信息渠道

例如，闲谈、小道消息、非组织渠道的了解情况等，属于非正式的沟通。

二、建设监理信息

监理工程师在工作中会生产、使用和处理大量的信息，信息是监理工作的成果，也是监理工程师进行决策的依据。

建设监理过程中涉及大量的信息，为便于管理和使用，可依据不同标准划分如下：

（一）按建设工程监理的目标划分

1. 投资控制信息

投资控制信息是指与投资控制直接有关的信息，如各种投资估算指标。类似工程造价、物价指数、概算定额、预算定额、建设项目投资估算、设计概预算、合同价、施工阶段的支付账单竣工结算与决算、原材料价格、机械设备台班费、人工费、运杂费、投资控制的风险分析等。

2. 质量控制信息

质量控制信息是指与质量控制直接有关的信息，如国家有关的质量政策及质量标准、工程项目建设标准、质量目标体系和质量目标的分解、质量控制工作制度、工作流程、风险分析、质量抽样检查的数据等。

3. 进度控制信息

进度控制信息是指与进度控制直接有关的信息，如施工定额、工程项目总进度计划、进度目标分解、进度控制的工作制度、进度控制工作流程、风险分析等。

4. 安全生产控制信息

安全生产控制信息是指与安全生产控制有关的信息。法律法规方面，如国家法律、法规、条例；制度措施方面，如安全生产管理体系、安全生产保证措施等；项目进展中产生的信息，如安全生产检查巡视记录，安全隐患记录等；另外，还有文明施工及环境保护有关信息。

5. 合同管理信息

合同管理信息，如国家法律、法规，勘测设计合同、工程建设承包合同、分包合同、监理合同、物资供应合同、运输合同等，工程变更、工程索赔、违约事项等。

（二）按建设监理信息的来源划分

1. 工程项目内部信息

内部信息来自建设项目本身，如工程概况、可行性研究报告、设计文件、施工方案、施工组织设计、合同管理制度、信息资料的编码系统、会议制度，工程项目的投资目标、进度目标、质量目标等。

2. 工程项目外部信息

外部信息来自建设项目外部环境，如国家有关的政策及法规、国内及国际市场上原材料和设备价格、物价指数、类似工程造价及进度、投标单位的实力与信誉、毗邻单位有关情况等。

（三）按建设监理信息的稳定程度划分

1. 静态信息

静态信息是指在一定时间内相对稳定不变的信息，包括标准信息、计划信息和查询信息。标准信息主要指各种定额和标准，如施工定额、原材料消耗定额、设备及工具的耗损程度等。计划信息是反映在计划期内已经确定的各项任务指标情况。查询信息是指在一个较长时期内不发生变更的信息，如政府及有关部门颁发的技术标准、不变价格、监理工作制度等。

2. 动态信息

动态信息是指在不断变化着的信息，如项目实施阶段的质量、投资及进度的统计信息，就是反映在某一时刻项目建设的实际进程及计划完成情况。

（四）按建设项目监理信息的层次划分

1. 决策层信息

决策层信息是指有关工程项目建设过程中进行战略决策所需的信息，如工程项目规模、投资额、建设总工期、承包单位的选定、合同价的确定等信息。

2. 管理层信息

管理层信息是指提供给业主单位中层及部门负责人做短期决策用的信息，如工程项目年度施工计划、财务计划、物资供应计划等。

3. 实务层信息

实务层信息是指各业务部门的日常信息，如日进度、月支付额等。这类信息较具体、精度较高。

三、建设监理信息系统的基本内容

建设监理信息系统应由四个子系统组成，即进度控制子系统、质量控制子系统、投资控制子系统和合同管理子系统。各子系统之间既相互独立，各有其自身目标控制的内容和方法；又相互联系，互为其他子系统提供信息。

（一）工程建设进度控制子系统

工程建设进度控制子系统不仅要辅助监理工程师编制和优化工程建设进度计划，更要对建设项目的实际进展情况进行跟踪检查，并采取有效措施调整进度计划以纠正偏差，从而实现工程建设进度的动态控制。为此，本系统应具有以下功能：

1. 进行进度计划的优化，包括工期优化、费用优化和资源优化。

2. 工程实际进度的统计分析。即随着工程的实际进展，对输入系统的实际进度数据进行必要的统计分析，形成与计划进度数据有可比性的数据。

3. 实际进度与计划进度的动态比较。即定期将实际进度数据同计划进度数据进行比较，形成进度比较报告，从中发现偏差，便于及时采取有效措施加以纠正。

4. 进度计划的调整。当实际进度出现偏差时，为了实现预定的工期目标，就必须在分析偏差产生原因的基础上，采取有效措施对进度计划加以调整。

5. 各种图形及报表的输出。图形包括网络图、横道图、实际进度与计划进度比较图等，报表包括各类计划进度报表、进度预测报表及各种进度比较报表等。

（二）工程建设质量控制子系统

监理工程师为了实施对工程建设质量的动态控制，需要工程建设质量控制子系统提供必要的信息支持。为此，本系统应具有以下功能：

1. 存储有关设计文件及设计修改、变更文件，进行设计文件的档案管理，并能进行设计质量的评定。

2. 存储有关工程质量标准，为监理工程师实施质量控制提供依据。

3. 运用数理统计方法对重点工序进行统计分析，并绘制直方图、控制图等管理图表。

4. 处理分项工程、分部工程、隐蔽工程及单位工程的质量检查评定数据，为最终进行工程建设质量评定提供可靠依据。

5. 建立计算机台账，对主要建筑材料、设备、成品、半成品及构件进行跟踪管理。

6. 对工程质量事故和工程安全事故进行统计分析，并能提供多种工程事故统计分析报告。

（三）工程建设投资控制子系统

工程建设投资控制子系统用于收集、存储和分析工程建设投资信息，在项目实施的各个阶段制订投资计划、收集实际投资信息，并进行计划投资与实际投资的比较分析，从而实现工程建设投资的动态控制。为此，本系统应具有以下功能：

1. 输入计划投资数据，从而明确投资控制的目标。

2. 根据实际情况，调整有关价格和费用，以反映投资控制目标的变动情况。

3. 输入实际投资数据，并进行投资数据的动态比较。

4. 进行投资偏差分析。

5. 未完工程投资预测。

6. 输出有关报表。

（四）工程建设合同管理子系统

1. 合同管理子系统的功能

工程建设合同管理子系统主要是通过公文处理及合同信息统计等方法辅助监理工程师进行合同的起草、签订，以及合同执行过程中的跟踪管理。为此，本系统应具有以下功能：

（1）提供常规合同模式，便于监理工程师进行合同模式的选用；

（2）编辑和打印有关合同文件；

（3）进行合同信息的登录、查询及统计；

（4）进行合同变更分析；

（5）索赔报告的审查分析与计算；

（6）反索赔报告的建立与分析；

（7）各类经济法规的查询等。

2. 合同管理子系统的组成

（1）合同文件编辑

合同文件编辑就是提供和选用合同结构模式，并在此基础上进行合同文件的补充、修改和打印输出。

①合同模式选用。系统中存有水利水电工程施工合同条件及普通合同文本等多种合同模式，它们各有其适用对象和范围，可以根据建设项目的性质和特点选用合适的合同模式。

②合同文件补充修改。当选定合同模式后，可根据具体工程的特点对有关合同条款进行修改或补充。

③合同文件打印输出。合同文件必须打印输出，经双方协商一致，签字盖章后才能生效。

④合同模式编辑。主要是进行合同模式的增加、删除和修改。

（2）合同信息管理

合同信息管理就是对合同信息进行登录、查询及统计，便于监理工程师随时掌握合同的执行情况。

（3）索赔管理

索赔管理是合同管理中一项极其重要的工作，该模块应能辅助监理工程师进行索赔报告的审查、分析与计算，从而为监理工程师的科学决策提供可靠支持。

四、信息管理流程

信息管理流程反映了监理工作中各参加部门、单位之间的关系。为了保证监理工作的顺利完成，必须使监理信息在上下级之间、内部组织与外部环境之间流动，称为信息流。

（一）信息需求

要对工程项目中的信息需求进行分析，就需要对工程项目深入分析。其中，主要是项目管理的特征和工程项目信息流。

1. 工程项目管理特征

一般，在工程项目管理中所处理的问题可以按照信息需求特征分为三类。

（1）结构化问题

结构化问题是指在工程项目管理活动过程中，经常重复发生的问题。对这类问题，通常有固定的处理方法。例如例会的召开，有其固定的模式，且经常重复发生。面对结构化问题做出的决策，称之为程序化决策。

（2）半结构化问题

较之结构化问题，半结构化问题并无固定的解决方法可遵循。

虽然决策者通常了解解决半结构化问题的大致程序，但在解决的过程中或多或少与个人的经验有关，对应的半结构化问题的决策活动为半程序化决策。实际上，工程项目管理中，大部分问题都属于半结构化问题。项目的复杂性和单件性，决定了对任何一个项目管理都只有大致适合的方法，而无绝对的通法。因此，对同一问题，决策者不同，采取的方法也会有所不同。

（3）非结构化问题

非结构化问题是指独一无二非重复性决策的问题这类问题，往往给决策者带来很大难度。这类问题最典型的例子就是项目立项。对解决这类结构化问题，要更多地依靠决策者的直觉，称之为非程序化决策。

由于决策者在项目管理中的地位不同，面对的问题也不同，因而表现出不同的信息需求特征。程序化决策大多由基层管理人员完成。对于非程序化的决策，高层管理人员较少涉及这类决策活动。半程序化决策大多由中层或高层管理人员完成。对于非程序化的决策，主要由高层管理人员完成。

由于信息是为管理决策服务的，从工程项目管理角度来看，作为项目管理的高层领导关心的是项目的可行性、带来的收益、投资回收期等，处于项目管理的战略位置，所需要的信息是大量的综合信息，即战略信息。作为项目的执行管理部门，决策者要考虑如何在项目整体规划指导下，采用行之有效的措施，对项目三大目标进行控制。

战术级信息指只对执政或行政组织的日常活动产生影响，并仅影响到局部战术决策的信息。而各现场管理部门的决策者所关心的是如何加快工程进度、保证工程质量，其决策的依据大多是日常工作信息即作业级信息。

工程项目各部门的主要信息需求，由于每一个管理者的职责各不相同，他们的信息需求也有差异。部门信息需求与个人信息需求有很大区别：部门信息需求相对比较集中和单调；个人信息需求相对突出个性化和多样性。在具体的信息管理过程中，更强调信息使用人员对信息需求的共性而不是个性，换言之，工程项目信息需求分析应该以部门信息需求分析为主而以个人信息需求分析为辅。

2. 工程项目信息流程

工程项目信息流程反映了各参加部门、各单位、各施工阶段之间的关系。为了工程的顺利完成，应使工程项目信息在上下级之间、内部组织之间与外部环境之间流动。

工程项目信息管理中信息流主要包括：

（1）自上而下的信息流

自上而下的信息流是指自主管单位、主管部门、业主及总监开始，流向项目监理工程师、检查员，乃至工人班组的信息，或在分级管理中，每一个中间层次的机构向其下级逐级流动的信息，即信息源在上，接受信息者是其下属。这些信息主要指监理目标、工作条例、命令、办法及规定、业务指导意见等。

（2）自下而上的信息流

自下而上的信息流是指由下级向上级（一般是逐级向上）流动的信息。信息源在下，接受信息者在上。主要指项目实施和监理工作中有关目标的完成量、进度、成本、质量、安全、消耗效率、监理人员的工作情况等。此外，还包括上级部门所关注的意见和建议等。

（3）横向间的信息流

横向流动的信息指项目监理工作中，同一层次的工作部门或工作人员之间相互提供和接受的信息。这种信息一般是由于分工不同而各自产生的，但为了共同的目标又需要相互协作、互通有无或相互补充，以及在特殊、紧急情况下，为了节省信息流动时间而需要横向提供的信息。

（4）以咨询机构为集散中心的信息流

咨询机构为项目决策做准备，因此既需要大量信息，又可以作为有关信息的提供者。它是汇总信息、分析信息、分散信息的部门，帮助工作部门进行规划、任务检查，对有关的专业技术等问题提供咨询。因此，各工作部门不仅要向上级汇报，而且应当将信息传递给咨询机构，以利于咨询机构为决策做好充分准备。

(5) 工程项目内部与外部环境之间的信息流

项目监理机构与项目法人、施工单位、设计单位、银行、质量监督主管部门、有关国家、管理部门和业务部门，都不同程度地需要信息交流既要满足自身监理的需要，又要满足与环境的协作要求，或按国家规定的要求相互提供信息。

上述几种信息流都应有明晰的流线，且都要畅通。实际工作中，自下而上的信息比较畅通，自上而下的信息一般情况下渠道不畅或流量不够。因此，工程项目主管应当采取措施解决信息流通的障碍，发挥信息流应有的作用，特别是对横向间的信息流动及自上而下的信息流动，应给予足够的重视，增加流量，以利于合理决策，提高工作效率和经济效益。

（二）信息收集

信息收集方法很多，主要有实地观察法、统计资料法、利用计算机及网络收集等。对于项目前期策划多用统计资料法，将与项目有关的数据进行统计分析，计算各个参数，为项目可行性研究奠定基础。在工程施工过程中，事件常以实物表现出来，因此常采用实地观察法，对工程过程中产生的各种事件进行量化，然后加工。随着计算机应用的普及，网络对于信息收集有着重要的作用。例如，现在很多工程招投标信息都在网上发布，利用网络信息收集，有着迅速、便于反馈等优点。在项目中，施工阶段的信息是比较烦琐的，工程项目信息管理工作也主要集中于此。

收集内容如下：

1. 收集业主提供的信息

业主下达的指令，文件等。当业主负责某些材料的供应时，须收集材料的品种、数量、质量、价格、提货地点、提货方式等信息。同时，应收集业主有关项目进度、质量、投资、合同等方面的意见和看法。

2. 收集承建商的信息

承建商在项目中向上级部门、设计单位、业主及其他方面发出某些文件及主要内容，如施工组织设计、各种计划、单项工程施工措施、月支付申请表、各种项目自检报告、质量问题报告等。

3. 工程项目的施工现场记录

此记录是驻地工程师的记录，主要包括工程施工历史记录、工程质量记录、工程计量、工程款记录和竣工记录等。

现场管理人员的报表：当天的施工内容；当天参加施工的人员（工程数量等）；当天施工用的机械（名称、数量等）；当天发生的施工质量问题；当天施工进度与计划进度的比较（若发生工程拖延，应说明原因）；当天的综合评论；其他说明（应注意事项）等。

工地日记现场管理人员日报表：现场每天天气；管理工作改变；其他有关情况。驻施工现场管理负责人的日记：记录当天所做重大决定；对施工单位所做的主要指示；发生的纠纷及可能的解决方法；工程项目负责人（或其他代表）来施工现场谈及的问题；对现场工程师的指示；与其他项目有关人员达成的协议及指示。

驻施工现场管理负责人的周报、月报：每周向工程项目管理人负责人（总工程师）汇报一周内发生的重大事件；每月向总负责人及业主汇报工地施工进度状况；工程款支付情况；工程进度及拖延原因；工程质量情况；工程进展中主要问题；重大索赔事件、材料供应、组织协调方面的问题等。

4. 收集工地会议记录

工地会议是工程项目管理的一种重要方法，会议中包含大量的信息。会议制度包括会议的名称、主持人、参加人、举行时间地点等。每次会议都应有专人记录，有会议纪要。

第一次工地会议纪要：介绍业主、工程师、承建商人员；澄清制度；检查承建商的动员情况（履约保证金、进度计划、保险、组织、人员、工料等）；检查业主对合同的履行情况（资金、投保、图纸等）；管理工程师动员阶段的工作情况（提交水准点、图纸、职责分工等）；下达有关表样，明确上报时间。

经常性工地会议确定上次会议纪要：当月进度总结、进度预测、技术事宜、变更事宜、管理事宜、索赔和延期、下次工地会议等。

（三）信息加工

信息加工是将收集的信息由一次信息转变为二次信息的过程，这也是项目管理者对信息管理所直接接触的地方。信息加工往往由信息管理人员和项目管理人员共同完成。信息管理人员按照项目管理人员的要求和本工程的特点，对收集的信息进行分析、归纳、分类、比较、选择，建立信息之间的联系，将工程信息和工程实质对应起来，给项目管理人员以最直接的依据。

信息加工有人工加工和计算机加工两种方式。人工加工是传统的方式，对项目中产生的数据人工进行整理分析，然后传递给主管人员或部门进行决策，传统信息管理中的资料核对就是人工信息加工。手工加工不仅烦琐，而且容易出错。特别是对于较为复杂的工程管理，往往失误频频。随着计算机在工程中的应用，计算机对信息的处理成为信息加工的主要手段。计算机加工准确、迅速，特别善于处理复杂的信息，在大型工程管理中发挥着巨大的效用。在 PMIS 系统中，信息管理人员将项目事件输入系统中，就可以得到相关的处理方案，减轻管理人员的负担。特别是大型工程中的信息数据异常繁多，靠人工加工几乎不可能完成，各种电化方法成为解决问题的主要手段。在小型工程管理中，往往还是以人工加工为主，这与项目规模有关。

（四）信息处理

1. 信息储存与检索

信息储存与检索是互为一体的。信息储存是检索的基础。项目管理中信息储存主要包括物理储存、逻辑组织两方面。物理储存是指考虑的内容有储存的内容、储存的介质、储存的时限等逻辑组织储存的信息间的结构。

对于工程项目而言，储存的内容是与项目有关的信息，包括各种图纸、文档、纪要、图片、文件等。储存的介质主要有文本、磁盘、服务器等；储存的时限是指信息保留的时间。对于不同阶段的信息，储存时限是不同的。主要是以项目后评价为依据，按照对工程影响的大小排序。对于一般大型工程而言，信息的储存过程也是建立信息库的过程。信息库是工程的实物与信息之间的映射，是关系模型（E-R 图）的反映。根据工程特点，建立一个信息库，将相关信息分类储存。各管理人员就可以直接从信息库随时检索到需要的信息，从而为决策服务。这样有利于信息畅通，利于信息共享。

信息检索是与信息储存相关的。有什么样的信息储存，就有什么样的信息检索。对于文本储存方式，信息的检索主要是靠人工完成。信息检索的使用者主要是项目管理人员，而信息储存主要是由信息管理人员完成。两者之间对信息的处理带有主观性，往往不协调，这就使管理者对信息检索有着不利影响。而对于磁盘、服务器等基于计算机的储存方式，其信息检索储存有着固定的规则，因此，对于管理者，信息检索较为有利。

2. 信息传递与反馈

信息传递是指信息在工程与管理人员或管理人员之间的发送、接收。信息传递是信息管理的中间环节，即信息的流通环节。信息只有从信息源传递到使用者那里，才能起到应有的作用。信息能否及时传递，取决于信息的传输渠道。只有建立了合理的信息传输渠道，才能保证信息流畅流通，发挥信息在项目管理中的作用。信息不畅往往是工程项目信息管理的最大障碍。各方由于信息交流不畅而导致工程未达到预期目标，主要原因有：

（1）信息的准确性：它可以通过冲突信息出现的频率、缺少协调和其他有关的因为缺少交流而表现出来的现象，来衡量信息的准确性。

（2）项目本身的制度：表现为项目正式的工作程序、方法和工作范围。这是在所有关键因素种类中最难以改进的一类，是项目管理者的能力所不能解决的。

（3）一些人际因素和信息可获取性之类的信息交流障碍。

（4）项目参与者对所接收信息的理解能力。

（5）设计和计划变更信息发布和接收的及时性。

（6）有关信息的完整性。

因此，信息传递要遵循下列原则：

第一，快速原则。力求在最短时间内，将项目事件的信息传递到相关人员和部门。

第二，高质量原则。指对于一次信息传递，尽量传递较多的信息。这样防止信息的多次传递，以免过多的传递而使其紊乱。并且，所传递的信息要能完整地反映所描述的工程实物内容。

第三，适用原则。保证信息的传递符合信息源和项目信息使用者的使用习惯、专业特性。

信息反馈与信息交流的方向相反。对于项目管理人员而言，其接收的信息往往不能一次性达到其意愿，或对于信息有着特殊的要求，这就需要对信息进行反馈。由信息接收者反馈给信息源，将所需要的工程信息进行重新组织，根据其特殊要求进行调整。信息反馈同样要符合上述几条原则。

3. 信息的维护

信息的维护是保证项目信息处于准确、及时、安全和保密的合用状态，能为管理决策提供实用服务。准确是要保持数据是最新、最完整的状态，数据是在合理的误差范围以内。信息的及时性是要在工程过程中，实时对有关信息进行更新，保证管理者使用时，所用信息是最新的。安全保密是要防止信息受到破坏和信息失窃。通过对工程项目信息管理的全过程分析，可以大体上形成对工程项目中的信息有效的管理方法。对于信息管理还有很多方法，例如逻辑顺序法、物理过程法、系统规划法等，都需要与工程项目的特点结合才能发挥作用。

五、基于 BIM 的水利工程信息管理

基于 BIM 的基本思想和特性，水利工程信息模型（Hydraulie Project Information Modeling，HPIM）是数字化表达的水利工程建设项目所有几何、属性、功能等资源信息的完备模型；是一个集成化的信息共享体，为项目全生命周期中的所有活动提供可靠源数据的过程；通过在 HPIM 中获取、修改、更新项目信息，支持工程不同参与方，不同阶段的职责任务和协同作业。

HPIM是利用数字模型对水利工程建设项目进行设计、施工和运营的过程。根据数字图形介质的理论方法，其实质为图形和信息的集成和共享，首先用数字化、参数化方式对图形进行语言描述，形成数字化图形，该图形具有可视的外形，相应的角点、边、面和体的构造和拓扑关系，来模拟水利水电工程的几何形态；然后将数字化图形作为一种具有几何属性和物理属性的载体，使数据附着于数字化图形，图形中又隐含着数据，形成图形体系和信息体系的集成融合，并通过统一的工程信息编码和数据标准，实现工程的各阶段、各种应用软件之间的数据交换，是用计算机空间描述自然界空间的方法体系在水利工程中的应用。BIM理论和数字图形介质理论为HPIM的构建提供了理论基础，然而在具体构建过程中，由于水利工程项目涉及的参与方众多，工程的复杂性、大规模使得工程在规划、设计施工、运营等生命周期阶段内产生大量结构复杂、格式各异的HPIM信息，不同阶段，不同参与方对于信息的应用需求也不同。由于创建、管理和共享信息是项目生命周期管理的本质行为，对于水利工程信息模型的实施，如何创建、谁来创建，HPIM数据的统一描述问题，以及HPIM的集成存储及集成共享，是构建HPIM的关键技术问题。解决以上技术问题的困难主要体现在以下几方面：

第一，创建HPIM信息需要由专业的软件系统来实现，但是目前的BIM软件，如Revit等都主要针对项目的设计阶段，需要支持其他阶段的如结构分析信息、施工组织信息、运营维护等信息的软件。或者其他阶段的信息用何种模式和格式进行创建，便于现有软件的识别和读取。而目前的BIM软件，如Autodesk的Revit系列软件，大多只提供支持IFC文件的接口。

第二，存储HPIM信息是实现工程信息管理的先决条件。用IFC标准构建的模型数据库，可解决分布式、异构系统之间的信息集成和共享问题，但集中数据库集成需要标准化的信息规则，目前缺少完整的适用于水利工程的信息统一描述规则。

第三，HPIM信息共享和集成仍然缺乏有效途径。目前的集成策略以文档交换接口和基于数据库的模型为主，与基于信息标准的BIM模型为载体的信息集成和传递有较大区别，尚不支持整个生命周期的分布式异构系统之间的信息集成和共享。须开发基于BIM模型的信息集成平台和技术。

为了使上述问题得到解决，赵继伟提出了一种专门针对水利工程的、子信息模型为重点的、面向阶段的、具有实际应用功能的水利工程信息模型创建方法。它的设计思路为：以项目进展的规划设计阶段、施工阶段和使用阶段为标尺，根据水利工程不同阶段的应用实际分阶段开发项目的HPIM信息子模型。该模型具有自动推演功能，能够对上一个层次模型的数据进行提取、集成和扩展，从而形成本阶段的信息模型，同时还能利用已经集成的模型数据信息，生成新的子模型，应用于某子领域。并以水利工程项目的全生命周期为导向，最终形成完整的信息模型。水利工程项目的整个生命周期的创建均可用 HPIM 信息模型来实现，它是一种融集成、积累、扩张及实际应用为一体的，为水利工程全生命周期数据信息管理提供服务的新的信息技术。

HPIM 的构建由工程规划阶段、设计阶段、施工阶段、运营阶段组成，使得各种工程信息逐渐整合，形成了一个可全面展示水利工程项目的信息集合体。根据自己的信息交换需要，各个阶段的软件系统定义各个阶段的子模型，用于具体应用的信息交换。通过提取和整合子模型的数据进行集成和共享。例如，规划阶段生成各种描述数据，并以文件的形式进行保存。设计阶段中，利用前一阶段的信息对水利工程进行详细的水工设计、结构分析、金属结构设计、机电设计等，生成大量的几何数据并且有要能够满足水工、机电、金属结构等相关专业之间的数据协同要求，HPIM 阶段子模型与总模型的互动和分享可满足以上需求。施工阶段对可规划和设计阶段的信息进行提取，以便应用系统进行良好的应用，例如，4D 施工管理、施工监测以及投资控制等。这些应用系统生成新的信息并将它们整合到 HPIM 模型中。运行和维护阶段，HPIM 模型整合规划、设计和施工各阶段的所有信息，以便用户进行调用，例如，利用 HPIM 系统以方便用户提取建筑构件信息、参数信息、实行安全监控等。基于 HPIM 的构建，能够令每一阶段的工程信息都可以集成和保存，形成的全信息模型不再有信息丢失和断层等一系列问题。

信息管理流程涉及管理组织、管理制度、管理平台等要素。传统的水利工程信息管理缺乏集成，其流程也是多点对多点的交流模式，而以 HPIM 模型为载体的集成化水利信息管理将对传统模式带来改变。管理流程的确定首先是确定组织模式，但是，任何的组织模式均应发挥业主在管理流程中的主导作用。针对水利工程信息管理，业主应是 HPIM 模型的拥有者，更应是推动者。业主可直接管理 HPIM 信息，也可委托相应的机构进行代管。由于以 HPIM 为基础的水利工程信息管理尚在探索之中，本文仅提出指导性的流程实现步骤。

第一，组织模式确定。以全生命周期管理理念为主导，HPIM 集成化管理为途径，用并行的信息流代替线性的信息流，提高信息利用率和效率。

第二，建立相应的流程管理规则。应用管理规章制度规范化信息创建、维护、访问等操作管理行为。

第三，开发相对应的软件平台。因为基于 HPIM 的一系列专业软件可最大限度地发挥信息集成的优势，因此，有必要选择或开发水利工程生命周期的不同阶段和不同专业的应用软件，使其更加适应对交互性、兼容性的支持。

第四，确定 HPIM 信息集成的软件和硬件平台。实现异构系统间数据集成的关键是 HPIM 系统集成平台，需要满足和工程建设规模及要求相适应的软硬件集成平台，如数据存储大小、对数据集成标准的支持、网络支持等。

第四节　水利工程施工人员的从业资格管理

一、水利工程建设建造师的资格管理

一级建造师具有较高的标准、较高的素质和管理水平，有利于国际互认。考虑到我国工程建设项目量大面广，工程项目的规模差异悬殊，各地经济、文化和社会发展水平有较大差异，以及不同工程项目对管理人员的要求也不尽相同，设立二级建造师可以适应施工管理的实际需要。建造师执业资格的取得须通过有关部门组织的统一考试。

（一）参加考试报名条件

1. 一级建造师报考条件

专科学历，工作 6 年，4 年施工管理；

本科学历，工作 4 年，3 年施工管理；

双学士/研究生班毕业，工作 3 年，2 年施工管理；

硕士学位，工作 2 年，1 年施工管理；

博士学位，1 年施工管理。

2. 二级建造师报考条件

专科以上学历，从事建设工程施工管理满 1 年。

考试：分为一级、二级两级考试，考试内容分为综合知识与能力和专业知识与能力两部分。

（二）建造师的注册

取得建造师执业资格证书且符合注册条件的人员，必须经过注册登记后，方可以建造师名义执业。住建部或其授权机构为一级建造师执业资格的注册管理机构；各省、自治区、直辖市建设行政主管部门制定本行政区域内二级建造师执业资格的注册办法，报建设部或其授权机构备案。准予注册的申请人员，分别获得中华人民共和国一级建造师注册证书、中华人民共和国二级建造师注册证书。已经注册的建造师必须接受继续教育，更新知识，不断提高业务水平。建造师执业资格注册有效期一般为 3 年，期满前 3 个月，要办理

再次注册手续。

取得建造师执业资格证书：无犯罪记录，身体健康，能坚持在建造师岗位上工作，经所在单位考核合格。

一级建造师执业资格的注册程序：本人提出申请—由省级建设行政主管部门或其授权的机构初审—报住建部或其授权的机构注册—住建部或其授权的注册管理机构发放由住建部统一印制的（中华人民共和国一级建造师注册证）。

二级建造师执业资格的注册程序：省级建设行政主管部门制定—颁发辖区内有效的中华人民共和国二级建造师注册证—住建部或其授权的注册管理机构备案。

注册效力：取得建造师职业资格证书的人员，必须经过注册登记，方可以建造师名义执业。注册的监督检查：人事部和各级地方人事部门对建造师执业资格注册和使用情况有检查、监督的责任。注册期限：有效期一般为 3 年，期满前 3 个月，持证者应到原注册管理机构办理再次注册手续。在注册有效期内，变更执业单位者，应当及时办理变更手续。再注册：须提供接受继续教育的证明，每年接受不少于 30 学时的建造师执业继续教育。

注销注册：注册的建造师有下列情况之一的，由原注册管理机构注销注册——不具有完全民事行为能力的；受刑事处罚的；因过错发生工程建设重大质量安全事故或有建筑市场违法违规行为的；脱离建设工程施工管理及其相关工作岗位 2 年以上的；同时在 2 个及以上建筑业企业执业的；严重违反执业道德的。

注册公示：住建部和省级建设行政主管部门应当定期公布建造师执业资格的注册和注销情况。

二、水利工程建设监理人员的资格管理

监理人员分为总监理工程师、监理工程师、监理员。总监理工程师实行岗位资格管理制度。总监理工程师不分类别、专业。监理工程师实行执业资格管理制度。监理员实行从业资格管理制度。监理工程师实行执业资格管理制度，只有通过全国监理工程师资格考试合格，才能取得监理工程师资格证书。

（一）水利工程建设监理员资格管理

取得监理员从业资格，须由中国水利工程协会审批，或者由具有审批管辖权的行业自律组织或中介机构审批并报中国水利工程协会备案后，颁发全国水利工程建设监理员资格证书。

申请监理员资格应同时具备以下条件：

1. 取得工程类初级专业技术职务任职资格，或者具有工程类相关专业学习和工作经历（中专毕业且工作 5 年以上、大专毕业且工作 3 年以上、本科及以上学历毕业且工作 1 年以上）；

2. 经培训合格；

3. 年龄不超过 60 周岁。

申请监理员资格，由监理单位签署意见后向具有审批管辖权的单位申报，并提交以下有关材料：

1.《水利工程建设监理员资格申请表》；

2. 身份证、学历证书或专业技术职务任职资格证书，监理员培训合格证书。

审批单位自收到监理员资格申请材料后，应当在 20 个工作日内完成审批，审批结果报中国水利工程协会备案后，颁发全国水利工程建设监理员资格证书。监理员资格证书由中国水利工程协会统一印制、统一编号，由审批单位加盖中国水利工程协会统一规格的资格管理专用章。监理员资格证书有效期一般为 3 年。中国水利工程协会定期向社会公布取得监理员资格的人员名单，接受社会监督。

（二）水利工程建设监理工程师资格管理

取得监理工程师资格，经中国水利工程协会组织的资格考试合格，并颁发全国水利工程建设监理工程师资格证书。监理工程师资格考试，一般每年举行一次，全国统一考试。

1. 报考水利工程建设监理工程师的条件

根据《水利工程建设监理人员资格管理办法》文件规定，参加监理工程师资格考试者，必须同时具备以下条件：

（1）取得工程类中级专业技术职务任职资格，或者具有工程类相关专业学习和工作经历（大专毕业且工作 8 年以上、本科毕业且工作 5 年以上硕士研究生毕业且工作 3 年以上）；

（2）年龄不超过 60 周岁；

（3）有一定的专业技术水平、组织协调能力和管理能力。

申请监理工程师资格考试，应当向中国水利工程协会申报，并提交以下材料：

（1）《水利工程建设监理工程师资格考试申请表》；

（2）身份证、学历证书或专业技术职务任职资格证书。

中国水利工程协会对申请材料组织审查，对审查合格者准予参加考试。中国水利工程协会向考生公布考试结果、公示合格者名单，向考试合格者颁发全国水利工程建设监理工程师资格证书。对监理工程师考试结果公示有异议的，可向中国水利工程协会申诉或举报。

2. 监理工程师考试管理

监理工程师资格考试，在全国水利工程建设监理资格评审委员会的统一指导下进行。水利工程建设监理资格评审委员会下设考试委员会，负责监理工程师资格考试的管理工作，主要任务是：

（1）制定监理工程师资格考试大纲和有关要求；

（2）发布监理工程师资格考试通知；

（3）确定考试命题、提出考试合格标准；

（4）受理部直属单位人员的考试申请，审查考试资格；

（5）组织考试，评卷；

（6）向水利部建设监理资格评审委员会报告工作情况。

凡参加监理工程师资格考试者，须填写《水利工程建设监理工程师资格申请表》，由所在单位按隶属关系逐级审查。

（1）流域机构所属单位人员的申请表由流域机构审查；

（2）地方所属单位人员的申请表由省、自治区、直辖市水利（水电）厅（局）审查；

（3）水利部直属单位人员的申请表由本单位审查。

经各单位审查合格后，报水利部备案，经复核后，发放考试通知。经监理工程师资格考试合格者，由水利部水利工程建设监理资格评审委员会进行评审，提出具备监理工程师资格者名单，报水利部批准后，核发水利工程建设监理工程师资格证书。监理工程师资格考试是一种水平考试，采用统一命题、闭卷考试、统一标准录取的方式。

3. 监理工程师注册管理

专业执业资格实行注册管理，这是国际上通行的做法。改革开放以来，我国相继实行了律师、经济师、会计师、建筑师等专业的执业注册管理制度。监理工程师是一种岗位职务，我国实行监理工程师执业注册管理制度，即持有监理工程师资格的人员，必须经注册，才能从事工程建设监理工作。实行监理工程师注册管理制度，是为了建立和维护监理工程师岗位的严肃性。

（1）注册管理的组织机构

水利部是全国水利工程建设监理工程师注册管理机关，注册工作由水利部统一部署。

①水利部建设与管理司是部属监理单位的监理工程师注册机关。

②各流域机构是本流域机构所属监理单位的监理工程师注册机关。

③各省、自治区、直辖市水利（水电）厅（局）是本行政区域所属监理单位的监理工程师注册机关。

（2）注册的程序

申请监理工程师注册，须由申请者填写《水利工程建设监理工程师注册申请表》，由监理单位审查同意后，按隶属关系向注册机关报送水利工程建设监理工程师注册书，监理工程师注册机关收到注册书后依照《水利工程建设监理人员资格管理办法》第十五条的条件进行审查，对符合条件者，予以注册，颁发水利工程建设监理工程师岗位证书，并向监理单位颁发水利工程建设监理工程师注册批准书，同时报水利部备案。

（3）申请

申请监理工程师注册者，必须具备下列条件：

①已取得水利工程建设监理工程师资格证书；

②身体健康，胜任工程建设监理的现场工作；

③已离退休返聘的人员年龄一般不应超过65周岁。

另外，国家行政机关和具有行政职能的事业单位的现职工作人员，不得申请监理工程师注册。

监理工程师只能在一个监理单位注册并在该单位承接的监理项目中工作。调出或退出原注册单位，须重新注册。监理工程师注册后两年内一直未从事监理工作或不再从事监理工作或被解聘，须向原注册机关交回其水利工程建设监理工程师岗位证书，核销注册。如再从事监理业务，须重新申请注册。

注册机关每年对水利工程建设监理工程师岗位证书持有者年检一次。对不符合条件者，核销注册并收回水利工程建设监理工程师岗位证书。年检结果报水利部备案。年检时应向注册机关提交如下资料：

①一年内所参加监理的水利工程项目规模及监理内容等情况；

②在现场监理机构中的职务或岗位；

③主要工作业绩。

（三）水利工程建设总监理工程师资格管理

取得总监理工程师岗位资格，应持有水利工程建设监理工程师注册证书并经培训合格后，由中国水利工程协会审批并颁发水利工程建设总监理工程师岗位证书。申请总监理工程师岗位资格应同时具备以下条件：

1. 具有工程类高级专业技术职务任职资格并在监理工程师岗位从事水利工程建设监理工作的经历不少于2年；

2. 已取得水利工程建设监理工程师注册证书；

3. 经总监理工程师岗位培训合格；

4. 年龄不超过 65 周岁；

5. 具有较高的专业技术水平、组织协调能力和管理能力。

申请总监理工程师岗位资格，应由其注册的监理单位签署意见后向中国水利工程协会申报，并提交以下材料：

1.《水利工程建设总监理工程师岗位资格申请表》；

2. 水利工程建设监理工程师注册证书、专业技术职务任职资格证书、总监理工程师岗位培训合格证书；

3. 由监理单位和建设单位共同出具近两年监理工作经历证明材料。

中国水利工程协会组织评审总监理工程师申请材料，并将评审结果公示，公示期满后向合格者颁发水利工程建设总监理工程师岗位证书，证书有效期一般为 3 年。

对总监理工程师岗位资格评审结果有异议的，可在公示期内向中国水利工程协会申诉或举报。

三、水利工程建设造价师的资格管理

水利工程建设造价师指经全国统一考试合格，取得造价工程师执业资格证书并经注册从事工程建设造价业务活动的专业技术人员。凡从事工程建设活动的建设、设计、施工、工程造价咨询、工程造价管理的单位和部门，必须在计价、评估、审查、控制及管理等岗位配备有造价工程师执业资格的专业技术人员。

（一）考试

全国统一考试，实行全国统一大纲、统一命题、统一组织的办法，原则上每年举行一次。报考条件为：

1. 造价专业大专，5 年造价工作经验；工程或工程经济类大专，6 年造价工作经验。

2. 本科毕业，4 年；本科相关专业，5 年。

3. 获上述专业第二学士学位或研究生班毕业或硕士学位后，3 年。

4. 上述专业博士学位后，2 年。

认定条件：1996 年 8 月以前已从事工程造价管理工作并具有高级专业技术职务的，经考核合格，可通过认定办法取得造价工程师资格。

（二）注册

1. 注册机构

住建部及各省、自治区、直辖市建设行政主管部门和国务院有关部门为造价工程师的注册管理机构。

2. 注册条件

遵纪守法，恪守造价工程师职业道德；取得造价工程师执业资格证书；身体健康，能坚持造价工程师岗位工作；所在单位考核同意。再次注册时，应经单位考核合格并有继续教育、参加业务培训的证明。

3. 注册程序

考试合格人员在取得证书 3 个月内到当地省级或部级造价工程师注册管理机构办理注册登记手续。注册机关经审查符合注册条件的，批准注册，由其单位所在省、自治区、直辖市或国务院有关部门造价工程师注册管理机构核发住建部印制的造价工程师注册证，并在执业资格证书的注册登记栏内加盖注册专用印章。各注册管理机构应将汇总名单报住建部备案。

4. 注册有效期

造价工程师注册有效期为 2 年，有效期满前 2 个月，持证者应当到原注册机构重新办理注册手续。对不符合注册条件的，不予重新注册。

第四章 水利工程施工的控制管理

水利工程是人类为了除害兴利而建设的一种工程项目，建设水利工程不仅能够促进社会的经济发展，同时也能够提高我国的综合国力。因此，在我国的现代化建设进程中，投入了大量的人力物力进行水利工程建设。在当前的水利工程建设中，要想实现对水利工程的有效控制，首先必须建立起一套科学完善的水利工程建设管理体系，并且严格按照该管理体系进行科学管理，才能够使水利工程建设管理工作顺利进行，进而才能够确保水利工程的质量和性能。

第一节 水利工程施工的进度控制与管理

一、进度控制的概念

建设工程进度控制是指对工程项目建设各阶段的工作内容、工作程序、持续时间和衔接关系根据进度总目标及资源配置的原则编制计划并付诸实施，然后在计划实施的过程中经常检查实际进度是否按计划进度要求进行，对出现的偏差情况进行分析，采取补救措施或调整、修改原计划后再付诸实施，如此循环，直到建设工程竣工验收交付使用。建设工程进度控制的最终目的是确保建设项目按预定的时间使用或提前交付使用。建设工程进度控制的总目标是确保建设工期。而进度控制目标能否实现，主要取决于处在关键线路上的工程内容能否按预定的时间完成。当然，同时要防止非关键线路上的工作延误情况。保证工程项目按期建成交付使用，是建设工程施工阶段进度控制的最终目的。为了有效地控制施工进度，首先要将施工进度总目标从不同的角度进行层层分解，形成施工进度控制目标体系，从而作为对实施进行控制的依据。

建设工程施工进度控制目标体系包括：各单位工程交工动用的分目标及按承包单位施工阶段和不同计划期划分的分目标；各目标间的相互联系。其中，下级目标受上级目标的制约，下级目标保证上级目标，最终保证施工进度总目标的实现。为了提高进度计划的可预见性和进度控制的主动性，在确定施工进度控制目标时，必须全面细致地分析与建设工程进度有关的各种有利因素和不利因素，确定施工进度控制目标的主要依据有：建设工程总进度目标对施工工期的要求；工期定额、类似工程项目的实际进度；工程难易程度和工程条件的落实情况等。

在确定施工进度分解目标时，还要考虑以下几方面：

1. 对于大型建设工程项目，应根据尽早提供可动用单元的原则，集中力量分期分批建设，以便尽早投入使用，尽快发挥投资效益。

2. 合理安排土建与设备的综合施工。

3. 结合本工程的特点，参考同类建设工程的经验来确定施工进度目标。

4. 做好资金供应能力、施工力量的配备、物资（材料、构配件、设备）供应能力与施工进度的平衡工作，确保工程进度目标的要求不落空。

5. 考虑外部协作条件的配合情况。

6. 考虑工程项目所在地区地形、地质、水文、气象等方面的限制条件。

总之，要想对工程项目的施工进度实施控制，就必须有明确、合理的进度目标（进度总目标和进度分目标），否则，控制便失去了意义。

二、进度控制的过程

1. 采用各种控制手段保证项目及各个工程活动按计划及时开始，在工程过程中记录各工程活动的开始时间和结束时间及完成程度。

2. 在各控制期末（如月末、季末，一个工程阶段结束）将各活动的完成程度与计划对比，确定整个项目的完成程度，并结合工期、生产成果、劳动效率、消耗等指标，评价项目进度状况，分析其中的问题。

3. 对下期工作做出安排，对一些已开始但尚未结束的项目单元的剩余时间做估算，提出调整进度的措施，根据工程已完成状况做出新的安排和计划，调整网络，重新进行网络分析，预测新的工期状况。

4. 对调整措施和新计划做出评审，分析调整措施的效果，分析新的工期是否符合目标要求。

三、建设工程进度控制的依据

监理单位只承担监督合同双方履行合同的职责，没有修改合同的权力。因此，监理工程师应严格按合同的有关规定执行监理工作任务，对合同工期控制遵循以下原则：

1. 以合同期为准，严格执行合同。

2. 发生超常规的自然条件（暴雨、洪水、地震……）或因业主方未能按合同规定提供必需的条件（设计图纸、施工场地、移民搬迁、水源、电源及业主方提供的主要建筑材料）时，监理人员应根据施工单位申报的调整工期意见，实事求是地核实影响范围、程度和时间，提出初审意见，报业主方审定。

3. 由于施工单位的施工力量投入不足或管理不力，造成工期延误，除要求施工方及时加大投入或改善管理，以提高施工强度，为业主挽回工期外，对延误工期部分将根据合同有关规定提出具体处理意见，报业主方审定。

4. 一个合同中有分阶段交付使用的要求的，按分阶段控制，将阶段工期与总工期衔接起来，以保证阶段工期和总工期的实现，并及时做好阶段初检工作。①

四、建设工程进度控制的任务和作用

设计准备阶段控制的任务是：收集有关工期的信息，进行工期目标和进度控制决策；编制工程项目建设总进度计划；编制设计准备阶段详细工作计划，并控制其执行；进行环境及施工现场条件的调查和分析。

设计阶段进度控制的任务是：编制设计阶段工作计划，并控制其执行；编制详细的出图计划，并控制其执行。

施工阶段进度控制的任务是：编制施工总进度计划，并控制其执行；编制单位工程施工进度计划，并控制其执行；编制工程年、季、月实施计划，并控制其执行。

为了有效地控制建设工程进度，监理工程师要在设计准备阶段向建设单位提供有关工期的信息，协助建设单位确定工期总目标，并进行环境及施工现场条件的调查和分析。在设计阶段和施工阶段，监理工程师不仅要审查设计单位和施工单位提交的进度计划，更要编制监理进度计划，以确保进度控制目标的实现。

---

① 龙振华．水利工程建设监理［M］．武汉：华中科技大学出版社，2014.

五、建设工程进度控制措施

在施工招标时确定中标单位并签订工程发包合同后，以发包合同规定的施工期为监理进度控制目标。如果业主要求提前完工或承包商承诺提前竣工，则监理机构将全力支持、配合、协调、监督施工单位采取一定的组织、技术、经济、合同措施，力保按期完工。

（一）组织措施

进度控制的组织措施主要包括：建立进度控制目标体系，明确建设工程现场监理组织机构中的进度控制人员及其职责分工；建立工程进度报告制度及进度信息沟通网络；建立进度计划审核制度和进度计划实施中的检查分析制度；建立进度协调会议制度，包括协调会议举行的时间、地点，协调会议参加人员等；建立图纸审查、工程变更和设计变更管理制度。

在监理工作中，监理单位召集现场各参建单位参加现场进度协调会议，监理单位协调承包单位不能解决的内外关系。因此，在会议之前监理人员要收集相关的进度控制资料，如承包商的人员投入情况、机械投入情况、材料进场和验收情况、现场操作方法和施工措施环境情况。这些都将是监理组织进度专题会议的基础资料之一。通过这些事实，监理人员才能对承包商的施工进度有一个真切的结论，除指出承包商进度落后这一结论和要求承包商进行改正的监理意思外，监理人员还要建设性地对如何改正提出自己的看法，对承包商将要采取的措施得力与否进行科学的评价。有时，监理单位可以组织现场专题会议。现场专题会议一般是由现场的项目经理、副经理、相关管理人员、各专业工种负责人、业主代表和监理人员参加，由项目总监理工程师主持，会议有记录，会后编制会议纪要。当实际进度与计划进度出现差异时，在分析原因的基础上要求施工单位采取以下组织措施：增加作业队伍、工作人数、工作班次，开内部进度协调会等。必要时同步采取其他配套措施：改善外部配合条件、劳动条件，实施强有力的调度，督促承包商调整相应的施工计划、材料设备供应计划、资金供应计划等，在新的条件下组织新的协调和平衡。

（二）技术措施

进度控制的技术措施主要包括：审查承包商提交的进度计划，使承包商能在合理的状态下施工；编制进度控制工作细则，指导监理人员实施进度控制；采用网络计划技术及其他科学适用的计划方法，并结合电子计算机的应用，对建设工程进度实施动态控制。

进度控制很大程度上是基于对承包商的前期工作、期间工作及期后工作信息的收集和分析。作为监理工程师应该具备对承包商现场状态的洞察能力。进度控制无非是对承包商的资源投入状态、资源过程利用状态及资源使用后与目标值的比较状态三方面内容的控制。对这三方面的控制监理是对进度要素的控制。建立进度控制的方法即对这些要素具体的综合运用。工程开工时，监理机构指令施工单位及时上报项目实施总进度计划及网络图。总监理工程师审核施工单位提交的总进度计划是否满足合同总工期控制目标的要求，进行进度目标的分解和确定关键线路与节点的进度控制目标，制订监理进度控制计划。为了做好工期的预控，即施工进度的事前控制，监理人员主要按照《建设工程监理规范》的要求，审批承包单位报送的施工总进度计划；审批承包单位编制的年、季、月度施工进度计划；专业监理工程师对进度计划实施的情况检查、分析；当实际进度符合计划进度时，要求承包单位编制下一期进度计划；当实际进度滞后于计划进度时，专业监理工程师书面通知承包单位采取纠偏措施并监督实施技术措施，如缩短工艺时间、减少技术间歇、实行平行流水立体交叉作业等。

（三）经济措施

进度控制的经济措施主要包括：及时办理工程预付款及工程进度款制度手续；对应急赶工给予优惠的赶工费用；对工期提前给予奖励；对工程延误收取误期损失赔偿金；加强索赔管理，公正地处理索赔。

监理工程师应认真分析合同中的经济条款内容。监理工程师在控制过程中，可以与承包商进行多方面、多层次的交流。经济支付是杠杆，也是不可缺少的方法之一，而且是重要的进度控制手段。在进度控制的过程中，从对进度有利的前提出发，监理工程师也可以促使甲乙双方对合同的约定进行合理的变更。

（四）合同措施

进度控制的合同措施主要包括：推行 CM（建设管理）承发包模式，对建设工程实行分段设计、分段发包和分段施工；加强合同管理，协调合同工期与进度计划之间的关系，保证合同中水利工程建设监理进度目标的实现；严格控制合同变更，对各方提出的工程变更和设计变更，监理工程师应严格审查后再补入合同文件之中；加强风险管理，在合同中应充分考虑风险因素及其对进度的影响，以及相应的处理方法。

运用合同措施是控制工程进度最理性的手段，全面实际地履行合同是承包商的法律义务。当建设单位要求暂时停工，且工程需要暂停施工；或者为了保证工程质量而需要进行停工处理；或者施工出现了安全隐患，总监理工程师有必要停工以消除隐患；或者发生了必须暂时停止施工的紧急事件；或者承包单位未经许可擅自施工，或拒绝项目监理机构管理时，总监理工程师按照《建设工程监理规范》的规定，有权签发工程暂时停工指令。这往往发生在赶工时，重进度轻质量的情况下，此时监理人员要采取强制干预措施，控制施工节奏。

总之，在工程进度管理中，建设单位起主导作用，施工单位起中心作用，监理单位起重要作用。只有三者有机结合，再加上其他单位的大力配合，才能使工程顺利进行，按期竣工。

第二节　水利工程施工的质量控制与统计

一、工程项目质量和质量控制的概念

（一）工程项目质量

质量是反映实体满足明确或隐含需要能力的特性的总和。工程项目质量是国家现行的有关法律、法规、技术标准、设计文件及工程承包合同对工程的安全、适用、经济、美观等特征的综合要求。

从功能和使用价值来看，工程项目质量主要体现在适用性、可靠性、经济性、外观质量与环境协调等方面。由于工程项目是依据项目法人的需求而兴建的，故各工程项目的功能和使用价值的质量应满足不同项目法人的需求，并无一个统一的标准。

从工程项目质量的形成过程来看，工程项目质量包括工程建设各个阶段的质量，即可行性研究质量、工程决策质量、工程设计质量、工程施工质量、工程竣工验收质量。

工程项目质量具有两方面的含义：①指工程产品的特征性能，即工程产品质量；②指参与工程建设各方面的工作水平、组织管理等，即工作质量。

（二）工程项目质量控制

质量控制是指为达到质量要求所采取的作业技术和活动，工程项目质量控制实际上就是对工程在可行性研究、勘测设计、施工准备、建设实施、后期运行等各阶段、各环节、各因素的全程、全方位的质量监督控制。工程项目质量有个产生、形成和实现的过程，控制这个过程中的各环节，以满足工程合同、设计文件、技术规范规定的质量标准。在我国的工程项目建设中，工程项目质量控制按其实施者的不同，包括以下三方面：①项目法人

的质量控制；②政府方面的质量控制；③承包人方面的质量控制。

二、工程项目质量的特点

由于建筑产品具有位置固定、生产流动性、项目单件性、生产一次性、受自然条件影响大等特点，这些决定了工程项目质量具有以下特点：①影响因素多；②质量波动大；③质量变异大；④质量具有隐蔽性；⑤终检局限性大。

三、工程项目质量控制的原则

在工程项目建设过程中，对其质量进行控制应遵循以下几项原则：①质量第一原则；②用数据说话原则；③为用户服务原则；④预防为主原则。

四、工程项目质量控制的任务

工程项目质量控制的任务就是根据国家现行的有关法规、技术标准和工程合同规定的工程建设各阶段质量目标实施全过程的监督管理。由于工程建设各阶段的质量目标不同，因此，需要分别确定各阶段的质量控制对象和任务。

（一）工程项目决策阶段质量控制的任务

1. 审核可行性研究报告是否符合国民经济发展的长远规划、国家经济建设的方针政策。

2. 审核可行性研究报告是否符合工程项目建议书或业主的要求。

3. 审核可行性研究报告是否具有可靠的基础资料和数据。

4. 审核可行性研究报告是否符合技术经济方面的规范标准和定额等指标。

5. 审核可行性研究报告的内容、深度和计算指标是否达到标准要求。

（二）工程项目设计阶段质量控制的任务

1. 审查设计基础资料的正确性和完整性。

2. 编制设计招标文件，组织设计方案竞赛。

3. 审查设计方案的先进性和合理性，确定最佳设计方案。

4. 督促设计单位完善质量保证体系，建立内部专业交底及专业会签制度。

5. 进行设计质量跟踪检查，控制设计图纸的质量。

（三）工程项目施工阶段质量控制的任务

施工阶段质量控制是工程项目全过程质量控制的关键环节。根据工程质量形成的时间，施工阶段的质量控制又可分为质量的事前控制、事中控制和事后控制，其中事前控制为重点控制。

（四）工程项目保修阶段质量控制的任务

1. 审核承包商的工程保修书。
2. 检查、鉴定工程质量状况和工程使用情况。
3. 对出现的质量缺陷，确定责任者。
4. 督促承包商修复缺陷。
5. 在保修期结束后，检查工程保修状况，移交保修资料。

五、工程项目质量影响因素的控制

在工程项目建设的各个阶段，对工程项目质量影响的主要因素就是“人、机、料、法、环”五大方面。为此，应对这五方面的因素进行严格的控制，以确保工程项目建设的质量。

六、水利工程各阶段质量管理

（一）施工前期质量管理

1. 做好项目质量策划工作，统筹安排

在项目质量管理中，首先应确定项目资源，建立健全项目施工组织结构，合理配备人力、设备、材料等资源。通常情况下，质量策划常采用因果图法、流程图法等方法。在水利工程开工后，工程水工单位可根据项目质量计划和工作方针的要求，组织全体员工进行学习。尤其是对于中小型工程企业，由于民工包工队伍较多，应特别注意质量意识的学习和教育。具体包括以下几方面：

（1）在进入施工现场之后，应组织施工人员学习技术资料、合同文件，根据文件的要求，再结合工程的具体情况，制订出详细的、切实可行的质量管理计划，保证质量管理工作能顺利实施。

（2）各单项工程在开工之前，应对全体施工人员进行培训，并进行严格考核，保证在工程施工中严格按照技术规范、设计规范进行施工作业。同时，施工企业还应该实行挂牌作业、持证上岗制度，减少安全事故的发生。

（3）在各单项工程开工之前，应组织全体人员对施工工艺、机械设备、原材料、检测方法以及可能出现的问题进行准备，并进行检查，在准备工作就绪后才能进行施工作业。

2. 建立健全项目质量管理制度，落实管理责任

在工程开工阶段，应建立健全项目质量管理制度，落实管理责任，让全体施工人员能明确自己的岗位职责。首先，应明确规定项目经理的管理职责，作为工程项目的首要负责人，项目经理应亲自抓好质量管理工作。其次，应明确项目质量经理的管理职责，具体负责项目质量管理工作，主要如下：组织制订项目质量计划；根据项目质量计划的要求，检查、监督项目质量计划的执行情况，尤其是对于质量控制点的检查、验证、评审等活动；如果发现技术、管理中存在重大质量问题应组织研究，并上报至项目经理；组织编制项目质量执行报告，上报至项目经理和质检部门。各技术工种、各部室、各专业负责人、各作业队应完成各自的质量管理责任，才能保证水利工程施工的质量。

3. 明确项目质量管理的目标，制订计划方案

在执行项目质量计划方案时，应从项目总体出发，结合具体项目的特点，明确质量控制的重点环节，将项目采购、实施环节纳入质量管理中。同时，质量管理计划应简明扼要，操作性强。

（二）施工过程中质量管理

1. 人的管理

这是质量管理的重要环节，也是最关键的环节。在水利工程施工过程中，项目经理、施工人员的任何行为，都可能对项目质量和进展造成影响。因此，在水利工程施工过程中，应加强人的管理，宣传质量管理意识。质量意识的高低，在很大程度上要受到宣传力度的影响。从目前来看，由于施工人员的文化素质较低，在质量意识宣传方面要分层次进行，将复杂的理论以通俗的语言表达出来。质量意识应为一个自上而下、自下而上的过程，在多次循环中施工人员才能树立起质量意识。同时，在工程施工过程中，施工企业还应该认识到团队精神的重要性，通过各种激励措施激发员工的工作积极性，为质量控制打下基础。在水利工程施工过程中，应树立“以人为本”的管理理念，逐步推行项目人本管理模式，通过“异而不乱、和而不同”的方法，能够提高质量管理的水平。

2. 强化工地试验

在工程质量管理工作中，工地试验是其重要环节。工地试验由企业自检部门组成。在工地试验中，对试验人员素质提出了很高的要求，同时，试验人员应对工作负责，实事求是。如果试验人员在工作中玩忽职守，不仅浪费企业资金，还会延误工期，甚至可能造成严重影响。在实验室配置方面，应选择合适的试验方法，并选择与之配套的仪器和设备。以测量工作为例，在设备选择时应尽量选择全站仪进行校验，主要是因为全站仪精度较高，还能提高工作效率。

（三）工程竣工后质量管理

在工程竣工后，应做好工程质量检验，细化工程质量评定的指标，对水利工程施工作业进行严格检查。在工程质量评定时，应根据质量评定的方法和标准，结合施工质量的实际情况，确定施工质量的等级。根据工程项目划分的方法，可将质量评定分为以下几项：单元工程、分部工程、单位工程、项目等质量评定。在工程质量检验时，可以工程产品、工序安排为重点，判断工程质量与规定是否相符。

七、工程质量统计方法

（一）分层法

1. 基本原理

由于工程质量形成的影响因素多，因此，对工程质量状况的调查和质量问题的分析，必须分门别类地进行，以便准确有效地找出问题及其原因，这就是分层法的基本思想。

2. 实际应用

调查分析的层次划分，根据管理需要和统计目的，通常可按照以下分层方法取得原始数据：

（1）按时间分：月或日、上午和下午、白天和晚间、季节。

（2）按地点分：地域、城市和乡村、楼层、外墙和内墙。

（3）按材料分：产地、厂商、规格、品种。

（4）按测定分：方法、仪器、测定人、取样方式。

（5）按作业分：工法、班组、工长、工人、分包商。

（6）按工程分：住宅、办公楼、道路、桥梁、隧道。

（7）按合同分：总承包、专业分包、劳务分包。

（二）因果分析图法

1. 基本原理

因果分析图法也称为质量特性要因分析法，其基本原理是对每一个质量特性或问题，逐层深入排查可能原因，然后确定其中最主要的原因，进行有的放矢的处置和管理。

2. 应用时的注意事项

（1）一个质量特性或一个质量问题使用一张图分析。

（2）通常采用 QC 小组活动的方式进行，集思广益，共同分析。

（3）必要时可以邀请小组以外的有关人员参与，广泛听取意见。

（4）分析时要充分发表意见，层层深入，列出所有可能的原因。

（5）在充分分析的基础上，由各参与人员采用投票或其他方式，从中选择 1~5 项多数人达成共识的主要原因。

（三）排列图法

1. 定义

排列图法是利用排列图寻找影响质量主次因素的一种有效方法。排列图又叫帕累托图或主次因素分析图。

2. 组成

排列图法由两个纵坐标、一个横坐标、几个连起来的直方形和一条曲线所组成。实际应用中，通常按累计频率划分为 0~80%、80%~90%、90%~100%三部分，与其对应的影响因素分别为 A、B、C 三类。A 类为主要因素，B 类为次要因素，C 类为一般因素。

（四）直方图法

1. 定义

直方图法即频数分布直方图法，它是将收集到的质量数据进行分组整理，绘制成频数分布直方图，用以描述质量分布状态的一种分析方法，所以又称质量分布图法。

2. 作用

（1）通过直方图的观察与分析，可以了解产品质量的波动情况，掌握质量特性的分布规律，以便对质量状况进行分析判断。

（2）可通过质量数据特征值的计算，估算施工生产过程中的总体不合格品率、评价过程能力等。

（五）控制图法

1. 定义

控制图又称管理图，它是在直角坐标系内画有控制界限，描述生产过程中产品质量波动状态的图形。利用控制图区分质量波动原因，判明生产过程是否处于稳定状态的方法称为控制图法。

2. 用途

控制图是用样本数据来分析判断生产过程是否处于稳定状态的有效工具。它的用途主要有两个：

（1）过程分析，即分析生产过程是否稳定。为此，应随机连续收集数据，绘制控制图，观察数据点的分布情况并判定生产过程的状态。

（2）过程控制，即控制生产过程的质量状态。为此，要定时抽样取得数据，将其变为点绘在图上，发现并及时消除生产过程中的失调现象，预防不合格品的产生。

3. 种类

（1）按用途划分

①分析用控制图。分析生产过程是否处于控制状态，采取连续抽样方式。

②管理（或控制）用控制图。用来控制生产过程，使之经常保持在稳定状态下，采取等距抽样方式。

（2）按质量数据特点划分

①计量值控制图。

②计数值控制图。

③控制图的观察与分析。

当控制图同时满足两个条件，一是点几乎全部落在控制界限之内，二是控制界限内的点排列没有缺陷，就可以认为生产过程基本上处于稳定状态。如果点的分布不满足其中任何一条，都应判断生产过程异常。

第三节　水利工程施工的投资控制及模式

一、施工成本控制

（一）施工成本控制的依据

施工成本控制的依据包括以下内容：

1. 工程承包合同

施工成本控制要以工程承包合同为依据，围绕降低工程成本这个目标，从预算收入和实际成本两方面，努力挖掘增收节支潜力，以求获得最大的经济效益。

2. 施工成本计划

施工成本计划是根据施工项目的具体情况制订的施工成本控制方案，既包括预定的具体成本控制目标，又包括实现控制目标的措施和规划，是施工成本控制的指导性文件。

3. 进度报告

进度报告提供了每一时刻的工程实际完成量、工程施工成本实际支付情况等重要信息。施工成本控制工作正是通过实际情况与施工成本计划相比较，找出二者之间的差别，分析偏差产生的原因，从而采取措施改进以后的工作。此外，进度报告还有助于管理者及时发现工程实施中存在的隐患，并在事态还未造成重大损失之前采取有效措施，尽量避免损失。

4. 工程变更

在项目的实施过程中，基于各方面的原因，工程变更是很难避免的。工程变更一般包括设计变更、进度计划变更、施工条件变更、技术规范与标准变更、施工次序变更、工程数量变更等。一旦出现变更，工程量、工期、成本都必将发生变化，从而使得施工成本控制工作变得更加复杂和困难。因此，施工成本管理人员应当通过对变更要求当中各类数据的计算、分析，随时掌握变更情况，包括已发生工程量、将要发生工程量、工期是否拖延、支付情况等重要信息，判断变更以及变更可能带来的索赔额度等。

除上述几种施工成本控制工作的主要依据外，有关施工组织设计、分包合同等也都是施工成本控制的依据。

（二）施工成本控制的步骤

在确定了施工成本计划之后，必须定期进行施工成本计划值与实际值的比较，当实际值偏离计划值时，分析产生偏差的原因，采取适当的纠偏措施，以确保施工成本控制目标得以实现。其步骤如下：

1. 比较

按照某种确定的方式将施工成本的计划值和实际值逐项进行比较，以确定施工成本是否超支。

2. 分析

在比较的基础上，对比较的结果进行分析，以确定偏差的严重性及偏差产生的原因。这一步是施工成本控制工作的核心，其主要目的在于找出产生偏差的原因，从而采取有针对性的措施，避免或减少相同问题再次发生或减少由此造成的损失。

3. 预测

根据项目实施情况估算整个项目完成时的施工成本。预测的目的在于为决策提供支持。

4. 纠偏

当工程项目的实际施工成本出现了偏差，应当根据工程的具体情况、偏差分析和预测的结果，采用适当的措施，以期达到使施工成本偏差尽可能小的目的。纠偏是施工成本控制中最具实质性的一步。只有通过纠偏，才能最终达到有效控制施工成本的目的。

5. 检查

检查是指对工程的进展进行跟踪和检查，及时了解工程进展状况以及纠偏措施的执行情况和效果，为今后的工作积累经验。

（三）施工成本控制的方法

施工阶段是控制建设工程项目成本发生的主要阶段，它通过确定成本目标并按计划成本进行施工、资源配置，对施工现场发生的各种成本费用进行有效控制，其具体的控制方法如下：

1. 人工费的控制

人工费的控制实行“量价分离”的方法，将作业用工及零星用工按定额工日的一定比例综合确定用工的数量与单价，通过劳务合同进行控制。

2. 材料费的控制

材料费控制同样按照“量价分离”的原则，主要控制材料用量和材料价格。

（1）材料用量的控制

在保证符合设计要求和质量标准的前提下，合理使用材料，通过定额管理、计量管理等手段有效控制材料物资的消耗，具体方法如下：

①定额控制。对于有消耗定额的材料，以消耗定额为依据，实行限额发料制度。在规定限额内分期分批领用，超过限额领用的材料，必须先查明原因，经过一定审批手续方可领料。

②指标控制。对于没有消耗定额的材料，则实行计划管理和按指标控制的办法。根据以往项目的实际耗用情况，结合具体施工项目的内容和要求，制定领用材料的指标，据以控制发料。超过指标的材料，必须经过一定的审批手续方可领用。

③计量控制。准确做好材料物资的收发计量检查和投料计量检查。

④包干控制。在材料使用过程中，对部分小型及零星材料（如钢钉、钢丝等）根据工程量计算出所需材料量，将其折算成费用，由作业者包干控制。

（2）材料价格的控制

材料价格主要由材料采购部门控制。由于材料价格由买价、运杂费、运输中的合理损耗等所组成，因此，主要是通过掌握市场信息，应用招标和询价等方式控制材料、设备的采购价格。

施工项目的材料物资，包括构成工程实体的主要材料和结构件，以及有助于工程实体形成的周转使用材料和低值易耗品。从价值角度来看，材料物资的价值，占建筑安装工程造价的60%~70%，其重要程度自然不言而喻。由于材料物资的供应渠道和管理方式各不相同，所以控制的内容和所采取的控制方法也有所不同。

3. 施工机械使用费的控制

合理选择施工机械设备并合理使用施工机械设备对成本控制具有十分重要的意义，尤其是高层建筑施工。据某些工程实例统计，高层建筑地面以上部分的总费用中，垂直运输机械费用占6%~10%。由于不同的起重机械有不同的用途和特点，在选择起重运输机械时，应根据工程特点和施工条件确定采取何种起重运输机械的组合方式。在确定采用何种组合方式时，既应满足施工的需要，又要考虑到费用的高低和综合经济效益。

施工机械使用费主要由台班数量和台班单价两方面决定，为有效控制施工机械使用费的支出，可从以下几方面进行：

（1）合理安排施工生产，加强设备租赁计划管理，减少由安排不当引起的设备闲置。

（2）加强机械设备的调度工作，尽量避免窝工，提高现场设备的利用率。

(3) 加强现场设备的维修保养，避免因不正确使用而造成机械设备停置。

(4) 做好机上人员与辅助生产人员的协调与配合，提高施工机械台班的产量。

4. 施工分包费用的控制

分包工程价格的高低，必然会对项目经理部的施工项目成本产生一定影响。因此，施工项目成本控制的重要工作之一是对分包价格的控制。项目经理部应在制订施工方案的初期就确定需要分包的工程范围。确定分包范围的因素主要是施工项目的专业性和项目规模。对分包费用的控制，主要是要做好分包工程的询价、订立平等互利的分包合同、建立稳定的分包关系网络、加强施工验收和分包结算等工作。

二、各阶段的投资控制

(一) 设计阶段投资控制

1. 设计阶段投资控制的意义

工程建设过程包括项目决策、项目设计、项目实施三大阶段。投资控制的关键在于决策和设计阶段，而在项目做出投资决策后，其关键就在于设计，根据国际行业权威的分析数据，在建设项目总投资额中，设计费用占工程造价的3%~5%，但项目建设过程中，设计环节对工程造价的影响程度却高达70%~80%。由于水利项目决策阶段的工作一般由投资人完成，项目法人在设计阶段才介入并主导工程建设，因此，加强设计阶段管理对项目法人进行投资控制具有重要意义。本章所说的设计阶段包括初步设计、招标设计、施工图设计和现场设计服务。

2. 设计阶段投资控制的主要工作

设计阶段又可以细分为三个阶段的工作，包括初步设计、招标设计、施工图设计，其投资控制的主要任务如下：

(1) 初步设计阶段投资控制的主要任务是：在可行性研究报告确定的投资估算的限额内，编制设计概算，确定投资目标，使设计深化严格控制在初步设计概算所确定的投资范围之内，编写项目施工组织设计。

(2) 招标设计阶段投资控制的主要任务是：在批准的初步设计概算的限额内，开展招标设计，提高设计文件的深度和质量，编制招标预算和施工规划，按照批准的分标方案细化招标文件技术条款、工程量清单和合同的边界条件。

(3) 施工图设计阶段投资控制的主要任务是：在批准的初步设计概算的基础上，按照限额设计的指导思路，编制施工图预算，在充分考虑满足项目功能的条件下，优化设计，控制投资。

3. 项目法人设计工作投资控制可采取的措施

项目建议书批复后项目立项，项目法人开始组建，项目法人可根据实际情况采取以下措施进行投资控制。

（1）切实提高设计阶段投资控制的意识

作为投资控制的主体，项目法人应切实树立全过程投资控制的意识，高度重视设计阶段对投资控制的重要作用，积极主动采取措施进行设计阶段投资控制，这是投资控制的基础条件。如果项目法人设计阶段投资控制意识淡薄，那么再好的想法、再好的制度也只能是“镜中花、水中月”，起不到应有的投资控制作用。

（2）项目法人应加大对设计工作的管理力度

项目法人应努力加强自身建设，在设计管理中起主导作用的应该也必然是项目法人。为促进设计管理水平的提升，要更加重视设计管理机构的设置和优化，有专业人员专注于设计优化工作，技术部门、移民征迁部门等应提前介入，努力与设计单位一起提高设计质量。加大对设计成果的过程检查，争取做到不漏项、不漏量，不偏离标准规范、不偏离项目所在地市场价格水平。技术部门、移民征迁部门提前介入，还有利于建设实施阶段的投资控制。

（3）提前筹划，签好设计合同

主要措施包括：一是改变设计取费方式，改变按照基价费率计取设计费的合同价格确定方式，采取基本设计费加考核奖励费的方式确定设计合同价格；二是对设计优化节约投资额按照约定比例进行奖励；三是对设计服务（如图纸供应、现场设代服务等）进行考核，考核结果与设计费挂钩；四是通过合同要求设计单位对优化设计、降低投资的设计人员进行奖励，奖励落实情况作为考核指标之一。

（4）推行设计招标

通过招标以竞争的方式选择优秀的设计单位。在设计招标文件中，项目法人可以明确设计单位须完成的设计任务、投资控制的目标、限额设计的要求、优化设计方案的激励惩罚措施等，从而将设计阶段投资控制的目标、措施以合同条款的形式固定下来，将项目法人投资控制的基本思路、管理措施体现在合同中，为合同签订后的执行打好基础。

目前，大中型水利工程勘测设计招标还存在许多困难，主要原因是在计划经济时期，大中型河流的勘测设计工作由国家指定相关的水利勘测设计院负责，相应的水文、地质资料都由设计院整理，其他勘测设计单位要想进入该河流进行勘测设计需要花费大量的时间、精力、资金重新收集水文地质资料，造成原勘测设计单位在该河流水利项目的设计工作上具有相对优势。同时，水利项目的前期工作（规划、项目建议书等）一般由该河流的管理机构及其下属的勘测设计单位主导完成，行政上的分制管理加剧了勘测设计工作的垄断。为了尽可能调动设计单位投资控制的积极性，在勘测设计合同谈判时，要提前筹划，争取上级管理部门和勘测设计单位的支持，必要时让渡部分利益，把限额设计、设计费与设计质量和投资控制挂钩等管理思想融入设计合同中，从而达到控制投资的目的。

（5）进行限额设计

限额设计是指依据国家主管部门对拟建项目批准的可行性研究报告初步设计报告，在确定建设项目所需功能的条件下控制工程投资，使建设项目的总体投资控制在国家规定的投资范围内。也就是依据投资估算对设计概算进行控制，依据设计概算对施工图预算进行控制并指导技术设计。按照总投资控制各单项工程投资，将总投资分配到各单项工程，各单项工程投资再分配到各专业工程，层层分配层层控制，从而保证总的投资额控制在预定范围内。

（6）聘请设计监理

项目法人在可行性研究批复以后成立，作为组建时间不长的监管单位，客观上无法立即有效介入设计工作，这就要求有一个懂专业、会管理的咨询单位来协助项目法人加强设计管理工作，这就是设计监理。

（7）建立专家咨询委员会

勘测设计工作是一项高强度、高智慧的脑力劳动，大中型水利工程技术复杂，涉及的专业很多。作为项目法人特别是在可行性研究批复以后才组建的项目法人，客观上难以迅速组建一支足够的具有涵盖所有专业的技术、经济管理队伍，在依靠自身力量难以对勘测设计工作进行必要的监督管理的情况下，借助外部专家的力量提高项目法人对勘测设计质量的把控是十分必要的。咨询专家应在行业内具有一定的权威性，根据工作需要可分为长期聘用专家和临时聘用专家，专家委员会协调服务工作可由工程技术部（总工办）负责。

（8）实行设计文件审核制度

工程技术部负责设计文件审核管理，所有设计文件提交项目法人后必须组织审核，主要针对设计文件的可实施性、经济合理性、有效性，以及与初步设计文件，招标文件的差异、投资增减情况等逐一审核，通过审核后再分发参建各方。

（二）施工招标阶段投资控制

在水利工程建设实施阶段，经常因工程量清单漏项，招标文件技术条款和商务条款自相矛盾，场内外交通和水、电供应等项目法人提供的建设条件不完全具备，合同界面划分不合理导致施工干扰而引发工程变更和承包商索赔。变更、索赔虽然发生在建设实施阶段，但产生的主要原因则在施工招标阶段。施工招标投标阶段前承初步设计、后启建设实施，是水利工程建设过程中非常重要的一个时期。在该阶段，项目法人通过招标方式确定了监理单位、施工单位和合同价格，同时明确了参建各方承担的权利、责任、义务，参建各方权利、责任、义务关系的确定一定程度上反映了项目法人的工程管理思路并直接影响后续的现场施工。特别指出的是，招标阶段不仅是通过招标确定签约单位这一件事情，协调设计单位积极进行招标设计、结合项目实际情况合理分标并确定各标段边界条件、编制项目管理预算都是该阶段投资控制的重要工作，其工作质量的好坏直接影响着建设实施阶段的投资控制。

1. 施工招标阶段投资控制主要工作

做好施工招标阶段的投资控制工作，项目法人首先要重视该阶段的工作，认识到该阶段不仅是要通过招标投标选择参建单位，还要加强设计管理提高招标设计质量，通过工程分标和招标文件的编制，把项目法人的质量控制、进度控制、投资控制等工程管理思路融汇到合同中。该阶段投资控制工作主要有督促深化招标设计、组织工程分标、确定主要的合同边界条件、组织编制招标控制价和项目管理预算、编制招标文件并组织审查、组织招标选择签约单位等，可采取的投资控制措施主要有以下几点：

（1）督促协调设计单位提高招标设计质量

设计是工程的灵魂，初步设计批准后，项目法人要尽可能留出足够多的时间给设计单位进行招标设计，从时间方面保证招标设计的质量。招标设计启动后，要充分利用设计监理、专家委员会等智力支撑机构的力量，对招标设计进行审查把关，提高招标设计质量。项目法人要主动加强设计管理，技术、移民、工程管理等业务部门主动介入，在督促设计单位提高工作质量的同时熟悉工程内容，为建设实施阶段的项目管理和投资控制打好基础。

（2）做好分标规划

聘请有丰富经验的咨询单位认真研究初步设计、施工规划、工程项目所在地社会经济环境、项目法人管理力量等与项目建设实施相关的实际情况，并据以编制分标方案，分标方案应按照有利于工程建设、贴合工程项目所在地社会自然环境与项目法人管理实际相匹配等原则编制。

（3）合理确定合同边界条件

按照施工规划、分标方案和工程项目所在地实地调研结果，合理划分项目法人、承包商各自承担的风险，确定合同边界条件。对于项目法人提供水、电、水泥、砂石骨料、火工品及修建场内外公路的，相关项目务必提早规划实施，保证供应质量、供应时间，以免不能按时、保质供应，从而影响工程进度且导致工期延误，费用索赔。

(4) 建立招标文件审查机制，提高招标文件编制质量

建立招标文件审查制度，成立由总经济师、总工程师牵头，计划合同部、工程技术部(总工办)、工程建设部参加的招标文件审查工作组，自身力量不足时聘请专家参与审查，审查过程中要高度重视招标文件商务部分、技术部分和招标控制价之间的关联契合，保证招标文件的编制质量。招标文件要合理确定评标赋分标准，选择信誉良好、实力雄厚、具有丰富经验的监理单位与施工单位。

(5) 提早筹划编制项目管理预算

按照“静态控制、动态管理”的思路，聘请有丰富经验的咨询单位编制项目管理预算，使分标方案、分标预算、项目管理预算、建设实施过程中的统计核算口径一致，方便项目管理及投资控制。根据项目实际情况及咨询单位实际情况，分标方案编制单位和项目管理预算编制单位最好为一家，有利于保证工作连续性和工作质量。

2. 建设实施阶段的特点

建设实施阶段是指施工单位进场施工至主体工程完工的时间段，也是项目规划目标从蓝图变成现实的阶段。此阶段节约投资的可能性虽然不大，但管理不善浪费投资的可能性却很大。在建设实施阶段，随着现场施工进行，工程设计不完善的地方开始暴露出来，导致工程变更、现场停工并引发工程索赔；移民征迁、社会环境、材料供应等各方面的因素相对合同签订时的条件也在不断变化并引发变更、索赔；项目参与各方都希望在工程建设中利益最大化，各种利益主体相互影响、相互交叉，项目法人作为投资控制主体，其协调控制不仅必要而且更加复杂。

建设实施阶段的投资控制工作虽然十分复杂，但也有规律可循。首先，任何工作的开展都必须有计划指导，施工投资控制也不例外，项目管理预算和基于项目管理预算、施工总进度计划编制的总投资计划、分年度投资计划是建设实施阶段投资控制的基础；其次，建设实施阶段投资支出主要以执行建安合同的形式完成，合同是甲乙双方发生经济利益关系的法律文书，因此应充分依靠合同，有理有据积极主动处理变更；最后，项目法人要加强内外部管理，树立双赢理念，努力营造好的移民征迁环境，加强大宗材料供应，协调水、电供应管理，为承包商施工创造好的施工条件。

3. 建设实施阶段投资控制措施

水利工程投资管理是一项复杂的系统工程，包括纵向和横向两方面。纵向涉及与投资管理相关的项目法人、设计单位、施工单位、监理单位、制造厂家、贷款银行、保险公司等；横向涉及工程安全、质量工期、投资及风险等各管理要素。构成投资控制系统的纵横向因素之间互相关联、互相影响，共同影响工程投资。在投资控制目标已定的情况下，投资控制管理可从宏观、微观两个层面综合发力，宏观层面主要是严格执行“四制”，微观

层面是在严格执行“四制”的基础上采取的具体措施。

（1）严格执行项目法人责任制、合同管理制、招标投标制、建设监理制

“四制”是我国现行政策法规的要求，也是被实践证明了的行之有效的建设管理模式，项目法人应结合项目实际情况贯彻执行“四制”，保证工程建设顺利进行。

①项目法人责任制。有效明确了投资责任主体，特别是在“静态控制、动态管理”模式下。概算范围内，项目法人拥有决策权，在享受投资效益和权利的同时也承担着投资控制风险，项目法人责任制的平衡约束，可有效保证投资人投资经济效益和社会效益的实现。

②合同管理制。工程建设过程中，通过各种形式的合同将参建各方组成一个复杂、庞大而又紧密联系的关联网络，并依法明确工程参建各方彼此间的责权利，从而将参建各方组成一个集体。通过合同设定的边界条件和规则标准，当发生工程变更、索赔时，可以按照事先设定的条件进行处理，从而有效控制工程投资。

③招标投标制。提供了一种更为公平、公正的竞争环境和交易形态，随着招标项目进入各地公共资源交易中心、网络评标等招标投标方式的推行，招标投标越来越公正、透明，有利于建筑市场的良性发展。对于项目法人来说，通过招标投标可以选择最适合工程项目的监理单位、施工单位。

④建设监理制。作为工程建设的第三方，监理工程师承担着质量、安全、进度、投资控制的职责；作为项目法人工程管理的助手，监理工程师在协助项目法人进行工程管理的同时，还承担着调解纠纷、互相制衡的作用，在项目法人、施工单位之间起着桥梁纽带作用。另外，作为项目法人设计阶段投资控制的重要举措之一，设计监理在控制设计质量、设计进度方面正发挥着越来越重要的作用。

（2）投资控制管理的具体措施

“四制”是投资控制的基础，把“四制”落到实处的过程也就是投资控制的过程，其具体采取的措施包括以下几点：

①针对大中型水利工程投资管理的复杂性和多变性，按照“总量控制、合理调整”的原则编制项目管理预算，项目法人以项目管理预算作为控制投资的主要依据。项目法人以审定的项目管理预算控制工程造价、筹措建设资金、测算工程价差、编报年度投资计划和年度投资完成统计报表。

②建立运转高效的生产调度管理组织体系，实现技术、工程建设、移民环保、计划合同等部门的联动，一方面保证各自职责范围内的工作有序开展；另一方面当不可预见风险发生时，能有效联动，及时响应，将风险降到最低。比如因移民搬迁问题引起阻工时，信息反馈到工程建设部、移民环保部，移民部门必须立即行动起来，尽快消除现场阻工；工

程建设部、计划合同部也必须立即行动起来，与施工单位协调阻工部位的人员、设备是否可调配到其他作业面，对确实不能调整到其他作业面而窝工的人员、设备做好记录并拍照，有理有据地处理施工单位可能提出的费用索赔。

③强化合同管理。确定施工单位后，项目法人应组织工程建设部、技术管理部、计划合同部对中标单位的报价清单、施工方案、不平衡报价、可能发生的工程变更及索赔等内容进行分析讨论，理清项目管理、投资控制的重点和难点。

④建立信息化投资管理系统。大中型水利工程影响因素多、建设周期长、资金流量大，产生的数据多，各种信息繁杂。在工程实施中涉及投资控制的信息包括设计、质量、进度、设备、材料、移民征地等方面，各方面的进度都应在充分讨论、科学论证的工程总进度计划指导下进行，任何一方面出现时间或质量标准上的偏差，都会引发工期滞后和变更索赔的产生，造成投资增加。而在繁杂的信息面前，单纯依靠人力进行信息传递，不但慢而且容易失真，建立一个系统、科学的信息管理系统，实现对工程进度、质量、安全、投资等信息的综合管理，可以加快信息的传递和信息加工，从而即时生成各种报表，使项目管理人员可以了解设计、质量、进度、移民征迁等各方面的进展情况，发现偏离的及时采取纠偏措施，使工程建设按照预定的轨道前进，保证工程建设顺利进行的同时也实现了投资控制的目标。

⑤建立投资控制监督体系。建立内外部监督相结合的投资控制监督机制，对投资控制及建设管理进行全过程的监督管理。内部监督是以内部审计及资金综合管理为主的内部投资监督体系，实行内部监督可以保证以项目管理预算为核心的投资控制体系得以有效运行，以监督、考核、奖惩促使制度落地，使公司管理层的投资控制安排部署落到实处。外部监督主要指投资人监督项目管理所组织的检查、审计等外部投资监督体系以及政府派驻的质量监督和社会舆论监督等。

⑥加强优化管理，提高综合效益。对于大中型水利工程，在建设实施过程投资控制中，有大量可以优化管理的内容，如投资资本结构优化降低融资费用、采购优化降低采购费用、库存优化降低存储费用、工期优化节省监管费用并提前发挥工程效益等。

⑦合理及时核定工程价差，科学管理动态投资。大中型水利工程建设周期长，物价的变化是必然发生的，为保证工程建设顺利进行，必须考虑物价上涨因素，合理及时核定工程价差，进行价差结算。价差分为概算价差及合同价差两个体系，分别对应投资人与项目法人、项目法人与承包商两个层次。概算价差是投资人对项目法人结算的价差，是工程总投资的一部分。合同价差是指项目法人根据有关合同条款结算给承包商的价差。项目法人价差管理中的工作重点是建立和规范两个层次的价差管理体系，把概算价差和合同价差严格区分开来。

⑧开展投资风险分析，主动控制工程投资。大中型水利工程项目建设周期长、涉及主体多、影响范围广，实施过程中存在许多不确定性，如不能很好地进行风险管理，可能遭受各种各样的意外损失，这些损失都可能加大工程投资。项目法人在建设实施阶段，要树立风险意识，建立投资风险分析和管理机制，根据工程进展情况、各年度项目资金到位和投资完成情况，逐年分析项目静态投资、价差、利息及资金结构变化，定期对工程进度计划、主要合同执行情况进行分析，总体把控投资变化趋势，预测未来投资控制的风险和项目预期收益，针对可能存在的风险提出防范措施。通过风险分析，对已经完成的投资和项目管理活动进行总结，指导后续项目加强投资控制，降低投资成本，为提升项目竞争力夯实基础。

⑨发挥中介机构专业优势，提供工程建设咨询服务。工程咨询的实质是咨询单位在项目决策、实施及管理过程中，为项目法人提供智力服务，其依托先进的管理技术和丰富的实践经验，将先进的、前瞻性的投资管理理念应用到工程项目投资控制中，通过专业化的服务，有效控制工程质量、进度、安全和投资，促进建设项目管理和投资效益提升。其具体服务涵盖从项目决策到建设实施的全过程，比如编制投资管理制度、编制项目管理预算、测算工程价差、进行工程投入和产出风险分析、进行全过程造价审计、项目后评价等。项目法人应重视中介机构在投资控制方面的重要作用，委托优秀的咨询单位提供咨询服务，提高投资控制的质量。

⑩合理进行风险转移。对于可通过工程保险化解的风险（如超标准洪水等），通过购买工程保险的办法化解风险，进行风险转移。

⑪建立基于项目管理预算的投资控制体系。建立以项目管理预算为核心的投资控制体系，将项目管理预算按照工程、移民、独立费用等进行分解，明确承担预算控制的责任部门、责任岗位，制定相应的管理制度，明确奖惩措施，建立横向到边、纵向到底的投资控制体系。

三、优化设计与水利工程建设投资控制

水利工程建设体系在不断发生着变化，针对水利工程的投资也逐渐形成多元化。投资者都会对投资风险进行评估，控制资本投入，以最少的资本投入谋得最大的经济收益，节省下来的资金还能另投其他项目。对于整个水利工程建设，投资控制无不体现在各个阶段。当前的投资控制已经形成一套完善体系，通过对项目的实施方案、资本需要以及可行性研究，有效地控制了投资规模，基本不会出现无底洞投资和工期无限期延长等现象。在投资控制方案设计上，对每一笔资金投入都进行严格估算，控制超额投资现象的发生，施

工阶段实行严格的招标制度，有专门的监理部门全程监督从投标到中标整个流程，对于工程造价由审计部门进行审核，不合理部分一律修改，将预算投资合理化，使投资得到应有的控制。但是在怎样优化设计投资控制方面，还没有得到广泛关注。

(一) 优化设计对水利工程建设投资的影响

1. 设计方案直接影响工程投资

水利工程建设首先要进行项目决策和项目设计，这是投资控制的关键。而在项目实施阶段则不需要进行投资控制了。在做出对项目进行投资的决策之后，就只有设计这一块了。根据现行的行业规范，设计的费用一般只占整个工程建设总费用的5%不到，然而正是这5%的投入影响着整个资本投资的70%。所以对于工程设计方面一定要完善。在单项工程设计方案的选择上又会对整个投资产生很大影响。据不完全统计，在其他项目功能一致的条件下，更加合理的单项设计方案可以降低总造价的8%左右，甚至可达15%以上。比如，某多层厂房，其框架结构均较为复杂，设计单位按照常规方案进行设计，由于厂房层次较多，荷载又大，导致部分单间尺寸较大，地基开挖较深。事后经其他设计人员分析，采用新型打基方案，可以省下大量的混凝土，还能减少土方开挖深度，相比前方案节约资金250多万元。

2. 设计方案间接影响工程投资

工程建设的增多，也伴随着事故发生的增多，造成事故发生的众多因素中，有30%是由于设计环节的责任。很多工程项目设计上没有经过优化，实施起来各种不合理，严重影响正常的施工。有的设计质量差，各单项设计方案之间存在矛盾，施工时需要返工，这就造成投资的浪费。

3. 设计方案影响经常性消耗

优化设计不但对项目建设中的一次性投资有优化作用，还影响着后期使用时经常性的消耗。比如照明装置的能源消耗、维修与保养等。一次性投资与经常性消耗之间存在一定的函数关系，可以通过优化设计寻找两者的最优解，使整个工程建设的总投资费用减少。

(二) 优化设计实行困难的原因

1. 主管部门对优化设计控制不力

长期以来，设计只对业主负责，设计质量由设计单位自行把关，主管部门对设计成果缺乏必要的考核与评价，仅靠设计评审来发现一些问题，重点涉及方案的技术可行性，而方案的经济可行性涉及很少。加之设计工作的特殊性，各个项目有各自的特点，因此，针对不同项目优化设计的成果缺乏明确的定性考核指标。

2. 业主对优化设计的要求程度不高

业主对工程建设认识有局限性，所以他们习惯性地把目光放在施工阶段，而对设计阶段关注不多。出现这种现象的原因有：①在设计对投资的影响力方面认识不足，只知道如何在设计上省钱，减少虚拟投入，而不知优化设计可以带来更多的经济利益和更好的工程建设；②在设计单位的选择上比较马虎，有些方案虽然以招标等方式通过，但是方案的设计并不完善，很难对其进行综合评估；③业主本身专业知识不够，对于优化设计难以提出有价值的要求或建议；④某些业主财大气粗，根本不在乎对设计进行优化，项目建设只追求新颖。这些都是优化设计得不到开展的因素。

3. 优化设计的开展缺乏必要的压力和动力

目前的设计市场凭的是行业经营关系，缺乏公平竞争，设计单位的重心不在技术水平的提高上，只保证不出质量事故，方案的优化、造价的高低，关系不大，使优化设计失去压力。现在的设计收费是按造价的比例计取，几乎跟投资的节约没有关系，导致对设计方案不认真进行技术经济比较，而是加大安全系数，造成投资浪费。设计单位即使花费了人力、物力，优化了设计，也得不到应有的报酬，从而挫伤了优化设计的积极性。

4. 优化设计运行的机制不够完善

优化设计的运行须有良好的机制作为保证。而目前存在如下状况：①缺乏公平的设计市场竞争机制，设计招标未能得到推广和深化，地方、部门、行业保护严重；②价格机制扭曲，优化不能优价；③法律法规机制有待健全。

（三）搞好优化设计的几点建议

1. 主管部门应加强对优化设计工作的监控

为保证优化设计工作的进行，开始可由政府主管部门来强制执行，通过对设计成果进行全面审查后方可实施。《建设工程质量管理条例》的配套文件之一——《建筑工程施工图设计文件审查暂行办法》（以下简称《办法》）早就由住建部颁布施行，《办法》的落实将对控制设计质量提供重要保证。但《办法》规定的审查主要是针对设计单位的资质、设计收费、建设手续、规范的执行情况、新材料新工艺的推广应用等方面的内容，缺乏对方案的经济性及功能的合理性方面的审查要求。所以应做好以下几点：①建议建设行政主管部门加大审查力度，对设计成果进行全面审查；②加强对设计市场的管理力度，规范设计市场，减少黑市设计；③利用主管部门的职能，总结推广标准规范、标准设计、公布合理的技术经济指标及考核指标，为优化设计提供市场。

2. 加快设计监理工作的推广

优化设计的推行，仅靠政府管控还不能满足社会发展的要求，设计监理已成为形势所迫，业主所需。通过设计监理打破设计单位自己控制质量的单一局面。主管部门应在搞好施工监理的同时，尽快建立设计监理单位资质的审批条件，加强设计监理人才的培训考核和注册，制定设计监理工作的职责、收费标准等；通过行政手段来保障设计监理的介入，为设计监理的社会化提供条件。

3. 建立必要的设计竞争机制

为保证设计市场的公平竞争，设计经营也应采用招投标。①应成立合法的设计招标代理机构；②各地方主管部门应建立相应的规定，符合条件的项目必须招标；③业主对拟建项目应有明确的功能及投资要求，有编制完整的招标文件；④招标时应对投标单位的资质信誉等方面进行资格审查；⑤应设立健全的评标机构，合理的评标方法，以保证设计单位公平竞争。

设计单位为提高竞争能力，在内部管理上应把设计质量同个人效益挂钩，促使设计人员加强经济观念，把技术与经济统一起来，并通过室主任、总工程师与造价工程师层层把关，控制投资。

4. 完善相应的法律法规

优化设计的推广要有法律法规做保证，目前已有《水利建设项目经济评价规范》《建筑法》《招投标法》《建筑工程质量管理条例》等实施规范，这些规范对设计方面的规定不够具体，为更好地监督管理设计工作，还应健全和完善相应法律法规，如设计监理、设计招投标、设计市场及价格管理等。进一步规范水利工程设计招标投标，出台维护水利勘察设计市场秩序的法规。

通过优化设计来控制投资是一个综合性问题，不能片面强调节约投资，要正确处理技术与经济的对立统一是控制投资的关键环节。设计人员要用价值工程的原理来进行设计方案分析，要以提高价值为目标，以功能分析为核心，以系统观念为指针，以总体效益为出发点，从而真正达到优化设计效果。

四、“静态控制、动态管理”的投资管理模式

水利工程建设项目投资一般以初步设计概算作为投资控制的最高限额，但在项目建设实施阶段用初步设计概算控制投资有诸多弊端。具体表现为采用设计概算控制投资，目标分解不够明确、不够详细，各方的责任无法准确界定，管理绩效机制欠缺，管理人员的积

极性难以调动，工程造价预测和控制的手段欠缺等。上述原因导致项目法人投资控制的积极性不高，甚至认为只要把工程质量、安全、进度搞好，投资多少是国家的事，从而导致“概算—超概算—调整概算—再超概算—再调整概算”的情况时有发生。概算调整过程中，由于权责不清，项目法人往往将管理原因造成的投资增加和物价上涨政策调整造成的投资增加混在一起申请调整概算，整体损害了国家（投资人）利益。“静态控制、动态管理”的基本模式就是静态投资由项目法人独立控制并对其负责，将物价上涨等非项目法人可以控制的因素引起的投资增加转由投资人承担，分清责任并辅以奖惩措施，调动项目法人投资控制的积极性，实现投资效益的最大化。

（一）“静态控制、动态管理”的基本内涵

静态控制是指在保证工程质量、进度、安全的前提下，把工程建设静态投资控制在国家批复的初步设计概算静态总投资限额内。审批的初步设计概算静态总投资是工程实施静态投资控制的最高限额，是静态控制的核心，它不仅明确了项目法人投资控制的基本目标和职责，而且也促使项目法人根据工程实际情况，采取组织措施、经济措施、技术措施、合同措施加强管理，使方案更加优化、资金使用更加高效。

动态管理是指对工程建设期因物价上涨、政策变化、融资成本增加及重大设计变更导致的投资变化进行有效管理，通过逐年计算价差和融资成本，同时考虑政策影响和经审批的重大设计变更增加的投资，将上述投资作为动态投资进行管理，该部分投资对项目法人来说无法通过有效的管理进行控制，因此动态投资增加由投资人承担。动态管理对由于项目法人自身无法控制的因素所导致的投资变动进行了确认，有利于调动项目法人加强投资管理的积极性。

“静态控制、动态管理”模式下投资增加的处理原则如下：

1. 属于可行性研究范围内的设计变化造成的静态投资增加额，在设计概算静态总投资内通过合理调整、优化设计等措施自行消化。

2. 属于可行性研究范围之外的重大设计变更导致投资增加突破设计概算静态总投资时，由项目法人编制重大设计变更专题报告上报投资人专项审批。

3. 属于价格、利率等因素变化增加的动态投资，通过分年度编制价差报告和据实计列建设期贷款利息方式，对动态投资进行有效管理并由投资人承担。

（二）“静态控制、动态管理”的基本管理体系

按照“静态控制、动态管理”的投资控制模式，项目法人承担静态投资控制风险和责任，投资人承担动态风险引起的投资增加。在该模式下，静态投资控制主要是指将工程投

资变化的概算调整风险、设计风险以及工程建设组织管理风险划归为静态投资控制内容，并以固定的价格水平确定量化为静态投资额度，由项目法人通过优化设计、提高组织管理（包括严格地、高质量地组织实施招标投标制、合同管理制、工程监理制）水平等手段全面进行工程投资控制管理。从纵向来说包括设计阶段的投资管理、招标投标阶段投资管理、建设实施阶段投资管理，从横向来说包括完善投资管理制度、建立全员投资管理体系、编制项目管理预算等。静态投资控制的基本手段是进行限额设计、编制项目管理预算并建立与之对应的投资控制责任分解和管理制度体系。动态管理的基本手段是编制年度价差报告、计算政策变化等引起的投资增加等。其体系如图 4-1 所示。

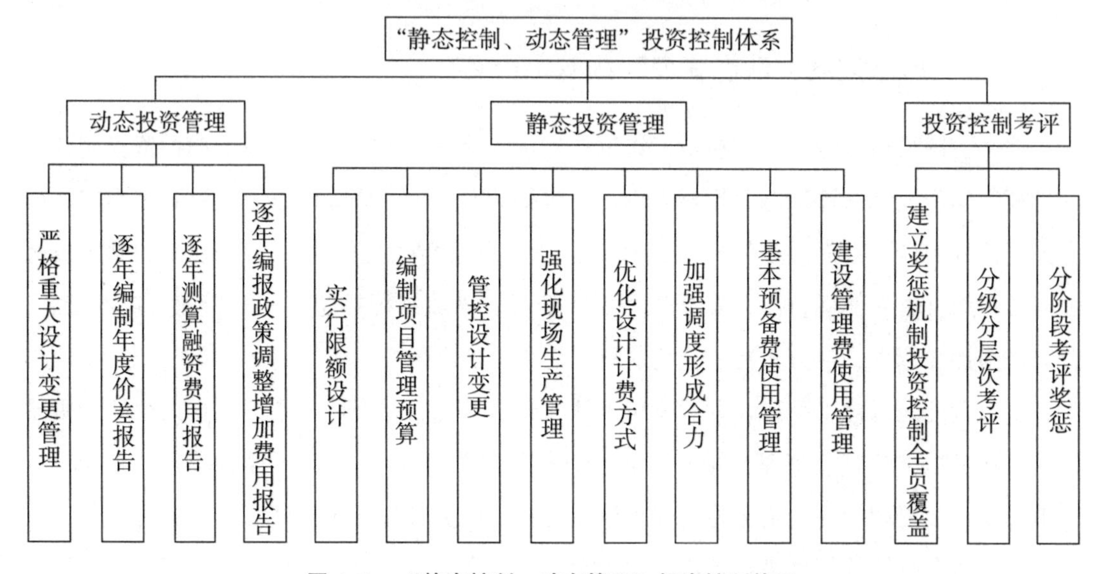

图 4-1 “静态控制、动态管理”投资控制体系

第五章 水利工程施工的文明安全管理

在工程建设活动中，没有危险，不出事故，不造成人身伤亡和财产损失，这就是安全。因此，施工安全不但包括施工人员和施工管（监）理人员的人身安全，还包括财产（机械设备、物资等）的安全。

保证安全是项目施工中的一项重要工作。施工现场场地狭小，施工人员众多，各工种交叉作业，机械施工与手工操作并进，高空作业多，而且大部分是露天、野外作业。特别是水利水电工程又多在河道上兴建，环境复杂，不安全因素多。因此，监理人必须充分重视安全管理，督促和指导施工承包人从技术上、组织上采取一系列必要的措施，防患于未然，保证项目施工的顺利进行。水利工程建设安全生产管理，坚持“安全第一，预防为主”的方针。

监理人在施工安全管理中的主要任务有：充分认识施工中的不安全因素；建立安全监控的组织体系；审查施工承包人的安全措施。

第一节 水利工程建设中的文明施工管理

一、水利工程文明建设工地的要求

（一）规范文件

《水利系统文明建设工地评审管理办法》（建设指导委员会办公室建地〔1998〕4号）。

（二）评选组织及申报条件

1. 水利系统文明建设工地的评审工作由水利部优质工程审定委员会负责。其审定委员会办公室负责受理工程项目的申报、资格初审等日常工作。

2. 水利系统文明建设工地每两年评选一次。

3. 申报水利系统文明建设工地的项目，应满足下列条件：

（1）已完工程量一般应达全部建安工程量的30%以上。

（2）工程未发生过严重违法乱纪事件和重大质量、安全事故。

（3）符合《水利系统文明建设工地考核标准》的要求。

4. 水利系统文明建设工地由项目法人或建设单位负责申报。

（1）部直属项目，由项目法人或建设单位直接上报。

（2）以水利部投资为主的项目、跨省区边界的项目由流域机构进行审查后上报。

（3）地方项目，由省、自治区、直辖市水利（水电）厅（局）审查后上报。

5. 各流域机构或省级水行政主管部门须根据《水利系统文明建设工地考核标准》，在进行检查评比的基础上，推荐工程项目，要坚持高标准严要求，认真审查，严格把关。

6. 申报单位须填写水利系统文明建设工地申报表一式两份，其中一份应附项目简介以及反映工程文明工地建设的录像带或照片（至少10张）等有关资料，于当年的4月报水利部优质工程审定委员会办公室。

（三）评审

1. 根据申报工程情况，由审定委员会办公室组织对有关工程的现场进行复查，并提出复查报告。

2. 申报单位申报和接受复查，不得弄虚作假，不得行贿送礼，不得超标准接待。对违反者，视情节轻重，给予通报批评、警告或取消其申报资格。

3. 评审人员要秉公办事，严守纪律，自觉抵制不正之风。对违反者，视其情节轻重，给予通报批评、警告或取消其评审资格。

（四）奖励

评为水利系统文明建设工地的项目，由水利部建设司、人事劳动教育司、精神文明建设指导委员会办公室联合授予建设单位奖牌；授予设计、监理、有关施工单位奖状。项目获奖将作为评选水利部优质工程的重要因素予以考虑。

（五）获奖后违纪处理

工程项目获奖后，如发生严重违法违纪案件和重大质量、安全事故将取消其曾获得的“水利系统文明建设工地”称号。

（六）水利系统文明建设工地考核标准

1. 精神文明建设（30%）

（1）认真组织学习《中共中央关于加强社会主义精神文明建设若干问题的决议》，坚决贯彻执行党的路线、方针、政策。

（2）成立创建文明建设工地的组织机构，制订创建文明建设工地的规划和办法并认真实行。

（3）有计划地组织广大职工开展爱国主义、集体主义、社会主义教育活动。

（4）积极开展职业道德、职业纪律教育，制订并执行岗位和劳动技能培训计划。

（5）群众文体生活丰富多彩，职工有良好的精神面貌，工地有良好的文明氛围，宣传工作抓得好。

（6）工程建设各方能够遵纪守法，无违法违纪和腐败现象。

2. 工程建设管理水平（40%）

（1）工程实施符合基本建设程序：

①工程建设符合国家的政策、法规，严格按基建程序办事；

②按有关文件实行招标投标制和建设监理制规范；

③工程实施过程中，能严格按合同管理，合理控制投资、工期、质量，验收程序符合要求；

④建设单位与监理、施工、设计单位关系融洽、协调。

（2）工程质量管理井然有序：

①工程施工质量检查体系及质量保证体系健全；

②工地实验室拥有必要的检测设备；

③各种档案资料真实可靠，填写规范、完整；

④工程内在、外观质量优良，单元工程优良品率达到70%以上，未发生过重大质量事故；

⑤出现质量事故能按“三不放过原则”及时处理。

（3）施工安全措施周密：

①建立了以责任制为核心的安全管理和保证体系，配备了专职或兼职安全员；

②认真贯彻国家有关施工安全的各项规定及标准，并制定了安全保证制度；

③施工现场无不符合安全操作规程状况；

④一般伤亡事故控制在标准内，未发生重大安全事故。

（4）内部管理制度健全，建设资金使用合理合法。

3. 施工区环境（30%）

（1）现场材料堆放、施工机械停放有序、整齐；

（2）施工现场道路平整、畅通；

（3）施工现场排水畅通，无严重积水现象；

（4）施工现场做到工完场清，建筑垃圾集中堆放并及时清运；

（5）危险区域有醒目的安全警示牌，夜间作业要设警示灯；

（6）施工区与生活区应挂设文明施工标牌或文明施工规章制度；

（7）办公室、宿舍、食堂等公共场所整洁卫生、有条理；

（8）工区内社会治安环境稳定，未发生严重打架斗殴事件，无黄、赌、毒等社会丑恶现象；

（9）能注意正确协调处理与当地政府和周围群众关系。

二、文明施工和环境保护措施

（一）文明施工的概念

文明施工是指在工程项目施工过程中保持施工现场良好的作业环境、卫生环境和工作秩序。文明施工主要包括以下几方面的工作：

1. 规范施工现场的场容，保持作业环境的整洁卫生。

2. 科学组织施工，使生产有序进行。

3. 减少施工对当地居民、过路车辆和人员及环境的影响。

4. 保证职工的安全和身体健康。

（二）文明施工的意义

1. 文明施工能促进企业综合管理水平的提高。保持良好的作业环境和秩序，对促进安全生产、加快施工进度、保证工程质量、降低工程成本、提高经济和社会效益有较大作用。

文明施工涉及人、财、物各个方面，贯穿施工全过程之中，体现了企业在工程项目施工现场的综合管理水平，也是项目部人员素质的充分反映。

2. 文明施工是适应现代化施工的客观要求。现代化施工更需要采用先进的技术、工艺、材料、设备和科学的施工方案，需要严密组织、严格要求、标准化管理和较好的职工素质等。文明施工能适应现代化施工的要求，是实现优质、高效、低耗、安全、清洁、卫生的有效手段。

3. 文明施工代表企业的形象。良好的施工环境与施工秩序能赢得社会的支持和信赖，提高企业的知名度和市场竞争力。

4. 文明施工有利于员工的身心健康，有利于培养和提高施工队伍的整体素质。文明施工可以提高职工队伍的文化技术和思想素质，培养尊重科学、遵守纪律、团结协作的大生产意识，促进企业精神文明建设，从而实现促进施工队伍整体素质的提高。

（三）文明施工的组织与管理

1. 组织和制度管理

（1）施工现场应成立以项目经理为第一责任人的文明施工管理组织。分包单位应服从总包单位的文明施工管理组织的统一管理，并接受监督检查。

（2）各项施工现场管理制度应有文明施工的规定。包括个人岗位责任制、经济责任制、安全检查制度、持证上岗制度、奖惩制度、竞赛制度和各项专业管理制度等。

（3）加强和落实现场文明检查、考核及奖惩管理，以促进施工文明和管理工作的提高。检查范围和内容应全面周到，包括生产区、生活区、场容场貌、环境文明及制度落实等内容。

应对检查发现的问题采取整改措施。

2. 收集文明施工资料

主要包括以下内容：

（1）上级关于文明施工的标准、规定、法律法规等资料。

（2）施工组织设计（方案）中对文明施工的管理规定、各阶段施工现场文明施工的措施。

（3）文明施工自检资料。

（4）文明施工教育、培训、考核计划的资料。

（5）文明施工活动各项记录资料。

3. 加强文明施工的宣传和教育

（1）在坚持岗位练兵的基础上，要采取派出去、请进来、短期培训、上技术课、登黑板报、广播、看录像、看电视等方法狠抓教育工作。

（2）要特别注意对临时工的岗前教育。

（3）专业管理人员应熟练掌握文明施工的规定。

（四）现场文明施工的基本要求

1. 施工现场必须设置明显的标牌，标明工程项目名称、建设单位、设计单位、施工单位、项目经理和施工现场总代表人的姓名、开工日期、竣工日期、施工许可证批准文号等。施工单位负责施工现场标牌的保护工作。

2. 施工现场的管理人员在施工现场应当佩戴证明其身份的证卡。

3. 应当按照施工总平面布置图设置各项临时设施。现场堆放的大宗材料、成品、半成品和机具设备不得侵占场内道路及安全防护等设施。

4. 施工现场的用电线路用电设施的安装和使用必须符合安装规范和安全操作规程，并按照施工组织设计进行架设，严禁任意拉线接电。施工现场必须设有保证施工安全要求的夜间照明；危险潮湿场所的照明以及手持照明灯具，必须采用符合安全要求的电压。

5. 施工机械应按照施工总平面布置图规定的位置和线路设置，不得任意侵占场内道路。施工机械进场须经过安全检查，经检查合格的方能使用。施工机械操作人员必须建立机组责任制，并依照有关规定持证上岗，禁止无证人员操作。

6. 应保证施工现场道路畅通，排水系统处于良好的使用状态；保持场容场貌的整洁，随时清理建筑垃圾。在车辆、行人通行的地方施工，应当设置施工标志，并对沟井坎穴进行覆盖和铺垫。

7. 施工现场的各种安全设施和劳动保护器具，必须定期进行检查和维护，及时消除隐患，保证其安全有效。

8. 施工现场应当设置各类必要的职工生活设施，并符合卫生、通风、照明等要求。职工的膳食、饮用水供应等应当符合卫生要求。

9. 应当做好施工现场安全保卫工作，采取必要的防盗措施，在现场周边设立围护设施。

10. 应当严格依照《中华人民共和国消防法》的规定，在施工现场建立和执行防火管理制度，设置符合消防要求的消防设施，并保持完好的备用状态。在容易发生火灾的地区施工，或者储存使用易燃易爆器材时，应当采取特殊的消防安全措施。

11. 施工现场发生工程建设重大事故的处理，应依照《工程建设重大事故报告和调查程序规定》执行。

12. 对项目部所有人员应进行言行规范教育工作，大力提倡精神文明建设，严禁赌、毒、黄、打架、斗殴等行为的发生，用强有力的制度和频繁的检查教育，杜绝不良行为的出现。

对经常外出的采购、财务、后勤等人员，应进行专门的用语和礼貌培训，增强交流和协调能力，预防因用语不当或不礼貌、无能力等发生争执和纠纷。

13. 大力提倡团结协作精神，鼓励内部工作经验交流和传帮学活动，专人负责并认真组织参建人员业余生活，订购健康文明的书刊，组织职工收看、收听健康活泼的音像节目，定期组织项目部进行友谊联欢和简单的体育比赛活动，丰富职工的业余生活。

14. 重要节假日，项目部应安排专人负责采购生活物品，集体组织轻松活泼的宴会活动，并尽可能地提供条件让所有职工与家人进行短时间的通话交流，以愉悦他们的心情。定期将职工在工地上的良好表现反馈给企业人事部门和职工家属，以激励他们的积极性。①

第二节 水利工程施工的不安全因素及安全规定

一、施工不安全因素分析

施工中的不安全因素很多，而且随工种不同、工程不同而变化，但概括起来，这些不安全因素主要来自人、物和环境三方面。因此，一般来说，施工安全管理就是对人、物和环境等因素进行管理。

（一）人的不安全行为

人既是管理的对象，又是管理的动力，因此，人的行为是安全生产的关键。在施工作业中存在的违章指挥、违章作业及其他行为都可能导致生产安全事故的发生。统计资料表明，88%的安全事故是由于人的不安全行为造成的。通常的不安全行为主要有以下几方面：

1. 违反上岗身体条件规定。例如，患有不适合从事高空和其他施工作业相应的疾病；未经严格身体检查，不具备从事高空、井下、水下等相应施工作业规定的身体条件；疲劳作业和带病作业。

2. 违反上岗规定。例如，无证人员从事需证岗位作业；非定机、定岗人员擅自操作等。

3. 不按规定使用安全防护品。例如，进入施工现场不戴安全帽；高空作业不佩挂安

---

① 薛振清．水利工程项目施工组织与管理［M］．徐州：中国矿业大学出版社，2008.

全带或排置不可靠；在潮湿环境中有电作业不使用绝缘防护品；等等。

4. 违章指挥。例如，在作业条件未达到规范、设计条件下，组织进行施工；在已经不再适应施工的条件下，继续进行施工；在已发事故安全隐患未排除时，冒险进行施工；在安全设施不合格的情况下，强行进行施工；违反施工方案和技术措施；在施工中出现异常的情况下，做了不当的处理；等等。

5. 违章作业。例如，违反规定的程序、规定进行作业。

6. 缺乏安全意识。

（二）物的不安全因素

物的不安全状态，主要表现在以下三方面：

1. 设备、装置的缺陷，主要是指设备装置的技术性能降低、强度不够、结构不良、磨损、老化、失灵、腐蚀，物理和化学性能达不到要求等。

2. 作业场所的缺陷，主要是指施工作业场地狭小，交通道路不宽畅，机械设备拥挤，多工种交叉作业组织不善，多单位同时施工，等等。

3. 物资和环境的危险源，主要包括：化学方面的氧化、易燃、毒性、腐蚀等；机械方面的振动、冲击、位移、倾覆、陷落、抛飞、断裂、剪切等；电气方面的漏电、短路，电弧、高压带电作业等；自然环境方面的辐射、强光、雷电、风暴、浓雾、高低温、洪水、高压气体、火源等。

上述不安全因素中，人的不安全行为是关键因素，物的不安全因素是通过人的生理和心理状态而起作用的。因此，监理人员在安全控制中，必须将两类不安全因素结合起来综合考虑，才能达到确保安全的目的。

（三）施工中常见的不安全因素

1. 高处施工的不安全因素

高空作业四面临空，条件差，危险因素多，因此，无论是水利水电工程还是其他建筑工程，高空坠落事故特别多，其主要不安全因素有：

（1）安全网或护栏等设置不符合要求。高处作业点的下方必须设置安全网、护栏、立网，盖好洞口等，从根本上避免人员坠落，或万一有人坠落时，也能免除或减轻伤害。

（2）脚手架和梯子结构不牢固。

（3）施工人员安全意识差，例如，高空作业人员不系安全带，高空作业的操作要领没有掌握。

（4）施工人员身体素质差，例如，患有心脏病、高血压等。

2. 实验起重设备的不安全因素

起重设备，如塔式、门式起重机等，其工作特点是：塔身较高，行走、起吊、回转等作业可同时进行。这类起重机较突出的大事故发生在倒塔、折臂和拆装时。容易发生这类事故的主要原因有：

（1）司机操作不熟练，引起误操作。

（2）超负荷运行，造成吊塔倾倒。

（3）斜吊时，吊物一离开地面就绕其垂直方向摆动，极易伤人，同时也会引起倒塔。

（4）轨道铺设不合规定，尤其是地锚埋设不合要求。

（5）安全装置失灵，例如，起重限制器、吊钩高度限制器、幅度指示器、夹轨等的失灵。

3. 施工用电的不安全因素

电气事故的预兆性不直观、不明显，而事故的危害很大。使用电气设备引起触电事故的主要原因有：

（1）违章在高压线下施工，而未采取其他安全措施，以致钢管脚手架、钢筋等碰上高压线而触电。

（2）供电线路铺设不符合安装规程。例如，架设得太低，导线绝缘损坏，采用不合格的导线或绝缘子，等等。

（3）维护检修违章。例如，移动或修理电气设备时不预先切断电源，用湿手接触开关、插头，使用不合格的安全用具，等等。

（4）用电设备损坏或不合格，使带电部分外露。

4. 爆破施工中的不安全因素

无论是露天爆破、地下爆破还是水下爆破，都发生过许多安全事故，其主要原因可归结为以下几方面：

（1）炮位选择不当，最小抵抗线掌握不准，装药量过多，放炮时飞石超过警戒线，造成人身伤亡或损坏建筑物和设备。

（2）违章处理哑炮，拉动起爆体触响雷管，引起爆炸伤人。

（3）起爆材料质量不符合标准，发生早爆或迟爆。

（4）人员、设备在起爆前未按规定撤离或爆破后人员过早进入危险区造成事故。

（5）爆破时，点炮个数过多，或导火索太短，点炮人员来不及撤到安全地点而发生爆炸。

（6）电力起爆时，附近有杂散电流或雷电干扰，发生早爆。

（7）用非爆破专业测试仪表测量电爆网络或起爆体，因其输出电流强度大于规定的安全值而发生爆炸事故。

（8）大量爆破对地震波、空气冲击和抛石的安全距离估计不足，附近建筑物和设备未采取相应的保护措施而造成损失。

（9）爆炸材料不按规定存放或警戒，管理不严，造成爆炸事故。

（10）炸药仓库位置选择不当，由意外因素引起爆炸事故。

（11）变质的爆破材料未及时处理，或违章处理造成爆炸事故。

5. 土方工程施工中的不安全因素

土方工程施工中最易发生的安全事故是塌方造成的伤亡事故。施工中引起塌方的原因主要有：

（1）边坡修得太小或在堆放泥土施工中，大型机械离沟坑边太近，这些均会增大土体的滑动力。

（2）排水系统设计不合理或失效。这使得土体抗滑力减小，滑动力增大，易引起塌方。

（3）由流沙、涌水、沉陷和滑坡引起的塌方。

（4）地基发生不均匀沉降和显著变形。

（5）违规拆除结构件、拉结件或其他原因造成杆件或结构局部破坏。

（6）局部杆件受载后发生变形、失稳或破坏。

二、安全技术操作规程中关于安全方面的规定

（一）高处施工安全规定

1. 凡在坠落高度基准面 2 m 和 2 m 以上有可能坠落的高处进行作业，均称为高处作业。高处作业的级别：高度在 2~5 m 时，称为一级高处作业；在 5~15 m 时，称为二级高处作业；在 15~30 m 时，称为三级高处作业；在 30 m 以上时，称为特级高处作业。

2. 特级高处作业，应与地面设联系信号或通信装置，并应有专人负责。

3. 遇有 6 级以上的大风，没有特别可靠的安全措施，禁止从事高处作业。

进行三级、特级和悬空高处作业时，必须事先制定安全技术措施，施工前，应向所有施工人员进行技术交底，否则，不得施工。

4. 高处作业使用的脚手架上，应铺设固定脚手板和 1 m 高的护身栏杆。安全网必须随着建筑物升高而提高，安全网距离工作面的最大高度不超过 3 m。

（二）使用起重设备安全规定

1. 司机应听从作业指挥人员的指挥，得到信号后方可操作。操作前必须鸣号，发现停车信号（包括非指挥人员发出的停车信号）应立即停车。司机要密切注视作业人员的动作。

2. 起吊物件的重量不得超过本机的额定起重量，禁止斜吊、拉吊和起吊埋在地下或与地面冻结以及被其他重物卡压的物件。

3. 当气温低于-20℃或遇雷雨大雾和6级以上大风时，禁止作业（高架门机另有规定）。

夜间工作时，机上及作业区域应有足够的照明，臂杆及竖塔顶部应有警戒信号灯。

（三）施工用电安全规定

1. 现场（临时或永久）110 V以上的照明线路必须绝缘良好、布线整齐且应相对固定，并经常检查维修，照明灯悬挂高度应在2.5 m以上，经常有车辆通过之处，悬挂高度不得小于5 m。

2. 行灯电压不得超过36 V，在潮湿地点，坑井、洞内和金属容器内部工作时，行灯电压不得超过12 V，行灯必须带有防护网罩。

3. 110 V以上的灯具只可做固定照明用，其悬挂高度一般不得低于2.5 m，低于2.5 m时，应设保护罩，以防人员意外接触。

（四）爆破施工安全规定

1. 爆破材料在使用前必须检验，凡不符合技术标准的爆破材料一律禁止使用。

2. 装药前，非爆破作业人员和机械设备均应撤离至指定安全地点或采取防护措施。撤离之前不得将爆破器材运到工作面。装药时，严禁将爆破器材放在危险地点或机械设备和电源、火源附近。

3. 爆破工作开始前，必须明确规定安全警戒线，制定统一的爆破时间和信号，并在指定地点设安全哨，执勤人员应有红色袖章、红旗和口笛。

4. 爆破后炮工应检查所有装药孔是否全部起爆，如发现瞎炮，应及时按照瞎炮处理的规定妥善处理，未处理前，必领在其附近设警戒人员看守，并设明显标志。

5. 地下相向开挖的两端在相距30 m以内时，放炮前必须通知另一端暂停工作，退到安全地点，当相向开挖的两端相距15 m时，一端应停止掘进，单头贯通。

6. 地下井挖洞室内空气含沼气或二氧化碳浓度超过1%时，禁止进行爆破作业。

（五）土方施工安全规定

一是严禁使用掏根搜底法挖土或将坡面挖成反坡，以免塌方造成事故。如土坡上发现有浮石或其他松动突出的危石，应通知下面的工作人员离开，立即进行处理。弃料应存放到远离边线 5.0 m 以外的指定地点。如发现边坡有不稳定现象，应立即进行安全检查和处理。

二是在靠近建筑物、设备基础、路基、高压铁塔、电杆等附近施工时，必须根据土质情况、填挖、深度等，制定出具体防护措施。

三是凡边坡高度大于 15 m，或有软弱夹层存在、地下水比较发育及岩层或主要结构面的倾向与开挖面的倾向一致，且两者走向的夹角小于 45°时，岩石的允许边坡值要另外论证。

四是在边坡高于 3 m、陡于 1∶1 的坡上工作时，须挂安全绳；在湿润的斜坡上工作时，应有防滑措施。

五是施工场地的排水系统应有足够的排水能力和备用能力。一般应比计算排水量加大 50%~100%进行设备选型。

六是排水系统的设备应有独立的动力电源（尤其是洞内开挖），并保证绝缘良好，动力线应架起。

三、强制性条文中关于安全方面的规定

《工程建设标准强制性条文》（水利工程部分）中关于安全方面的规定有：

1. 进入施工现场的人员，必须按照规定穿戴好防护用品和必要的安全防护用具，严禁穿拖鞋、高跟鞋或赤脚工作（特殊规定者除外）。

2. 施工现场的洞、坑、沟、升降口、漏斗等危险处应有防护设施或明显标志。

3. 交通频繁的交叉路口应有专人指挥，火车道口两侧应设路杆。危险地段，要悬挂“危险”或“禁止通行”标志牌，夜间设红灯示警。

4. 爆破作业，必须统一指挥、统一信号，划定安全警戒区，并设置安全警戒人员，在装药、连线开始前，无关人员一律退出作业区。在点燃开始前，除炮工外，其他人员一律退到安全地点隐蔽。爆破后，须经炮工进行检查，确认安全后，其他人员方能进入现场。对暗挖石方爆破尚须经过通风、恢复照明、安全处理后，方能进行其他工作。

5. 拆除工作必须符合下列要求：进行大型拆除项目开工之前，必须制定安全技术措施，并在技术负责人的指导下，确保各项措施的落实；一般拆除工作，也必须有专人指挥，以免发生事故。

6. 在坝顶、陡坡、屋顶、悬崖、杆塔、吊桥脚手架及其他危险边沿进行悬空高处作

业时，临空一面必须搭设安全网或防护栏杆。

7. 爆破器材必须存于专用仓库内，不得任意存放。严禁将爆破器材分发给承包户或个人保存。

8. 施工单位对接触粉尘毒物的职工应定期进行身体健康检查。接触粉尘毒物浓度比较高的工人，应每隔6~12个月检查一次；如粉尘毒物浓度已经经常低于国家标准，则可每隔12~24个月检查一次。

第三节　水利工程施工的安全保障体系

对于某一施工项目，施工的安全管理，从其本质上讲是施工承包人的分内工作。施工现场不发生安全事故，可以避免损失的发生，保证工程的质量和进度，有助于工程项目的顺利进行。因此，作为监理人，有责任和义务督促或协助施工承包人加强安全管理。所以，施工安全管理体系包括施工承包人的安全保证体系和监理人的安全管理（监督）体系。监理人一般应建立安全科（小组）或设立安全工程师，并督促施工承包人建立和完善施工安全管理组织机构，由此形成安全管理网络。

一、安全管理职责

1. 安全管理目标

应制定工程项目的安全管理目标。

（1）项目经理为施工项目安全生产第一责任人，对安全施工负全面责任。

（2）安全管理目标应符合国家法律、法规的要求，形成方便员工理解的文件，并保持实施。

2. 安全管理组织

应对从事与安全有关的管理、操作和检查人员，规定其职责、权限，并形成文件。

二、安全管理计划

1. 安全管理原则

（1）安全生产管理体系应符合工程项目的施工特点，使之符合安全生产法规的要求。

（2）形成文件。

2. 安全施工计划

(1) 针对工程项目的规模、结构、环境、技术含量、资源配置等因素进行安全生产策划，主要包括以下内容：

①配置必要的设施、装备和专业人员，确定控制和检查的手段和措施。

②确定整个施工过程中应执行的安全规程。

③冬季、雨季、雪天和夜间施工时的安全技术措施及夏季的防暑降温工作。

④确定危险部位和过程，对风险大和专业性强的施工安全问题进行论证。

⑤因工程的特殊要求需要补充的安全操作规程。

(2) 根据策划的结果，编制安全保证计划。

三、采购机制

施工单位对自行采购的安全设施所需的材料、设备及防护用品进行管理，确保符合安全规定的要求。

对分包单位自行采购的安全设施所需的材料、设备及防护用品进行管理。

四、施工过程安全管理

1. 应对施工过程中可能影响安全生产的因素进行管理，确保施工项目按照安全生产的规章制度、操作规程和程序进行施工。

(1) 进行安全策划，编制安全计划。

(2) 根据项目法人提供的资料对施工现场及受影响的区域内地下障碍物进行清除，或采取相应措施对周围道路管线进行保护。

(3) 落实施工机械设备、安全设施及防护品进场计划。

(4) 指定现场安全专业管理、特种作业和施工人员。

(5) 检查各类持证上岗人员资格。

(6) 检查、验收临时用电设施。

(7) 施工作业人员操作前，对施工人员进行安全技术交底。

(8) 对施工过程中的洞口、高处作业所采取的安全防护措施，应规定专人进行检查。

(9) 对施工中使用明火采取审批措施，现场的消防器材及危险物的运输、储存、使用应得到有效管理。

(10) 搭设或拆除的安全防护设施、脚手架和起重设备，如当天未完成，应设置临时安全

措施。

2. 应根据安全计划中确定的特殊的关键过程，落实监控人员，确定监控方式、措施，并实施重点监控，必要时应实施旁站监控。

（1）对监控人员进行技能培训，保证监控人员行使职责与权利不受干扰。

（2）对危险性较大的悬空作业、起重机械安装和拆除等危险作业，编制作业指导书，实施重点监控。

（3）对事故隐患的信息反馈，有关部门应及时处理。

五、安全检查、检验和标示

1. 安全检查

（1）施工现场的安全检查，应执行国家、行业、地方的相关标准。

（2）应组织有关专业人员，定期对现场的安全生产情况进行检查，并保存记录。

2. 安全设施所需的材料、设备及防护用品的进货检验

（1）应按安全计划和合同的规定，检验进场的安全设施所需的材料、设备及防护用品是否符合安全使用的要求，确保合格品投入使用。

（2）对检验出的不合格品进行标示，并按有关规定进行处理。

3. 过程检验和标示

（1）按安全计划的要求，对施工现场的安全设施、设备进行检验，只有通过了检验的设备才能安装和使用。

（2）对施工过程中的安全设施进行检查验收。

（3）保存检查记录。

六、事故隐患管理

对存在隐患的安全设施、过程和行为进行管理，确保不合格设施不使用，不合格过程不通过，不安全行为不放过。

七、纠正和预防措施

1. 对已经发生或潜在的事故隐患进行分析并针对存在问题的原因，采取纠正和预防措施，纠正或预防措施应与存在问题的危害程度和风险相适应。

2. 纠正措施。

（1）针对产生事故的原因，记录调查结果，并研究防止同类事故发生所需的纠正措施。

（2）对存在事故隐患的设施、设备，安全防护用品，先实施处置并做好标示。

3. 预防措施。

（1）针对影响施工安全的过程，要审核结果、安全记录等，以发现、分析、消除事故隐患的潜在因素。

（2）对要求采取的预防措施，制定所需的处理步骤。

（3）对预防措施实施管理，并确保落到实处。

八、安全教育和培训

安全教育和培训应贯穿施工的全过程，覆盖施工项目的所有人员，确保未经过安全生产教育培训的员工不得上岗作业。

安全教育和培训的重点是提高管理人员的安全意识和安全管理水平，以及增强操作者遵章守纪、自我保护的意识和提高防范事故的能力。

第四节　水利工程施工的现场安全管理

一、施工安全管理的目的和任务

施工项目安全管理的目的是最大限度地保护生产者的人身安全，控制影响工作环境内所有员工（包括临时工作人员、合同方人员、访问者和其他有关人员）安全的条件和因素，避免因使用不当对使用者造成安全危害，防止安全事故的发生。

施工安全管理的任务是建筑生产安全企业为达到建筑施工过程中安全的目的，所进行的组织、控制和协调活动，主要内容包括制定、实施、实现、评审和保持安全方针所需的组织机构、策划活动、管理职责、实施程序、所需资源等。

二、施工安全管理的特点

（一）安全管理的复杂性

水利工程施工具有项目的固定性、生产的流动性、外部环境影响的不确定性，这决定了施工安全管理的复杂性。

（二）安全管理的多样性

受客观因素影响，水利工程项目具有多样性的特点，使得建筑产品具有单件性，每一个施工项目都要根据特定条件和要求进行施工生产，安全管理具有多样性特点。

（三）安全管理的协调性

施工过程的连续性和分工决定了施工安全管理的协调性。

（四）安全管理的强制性

工程建设项目建设前，已经通过招标投标程序确定了施工单位。由于目前建筑市场供大于求，施工单位大多以较低的标价中标，实施中安全管理费用投入严重不足，不符合安全管理规定的现象时有发生，从而要求建设单位和施工单位重视安全管理经费的投入，达到安全管理的要求，政府也要加大对安全生产的监管力度。

三、施工现场的安全管理

在工程项目施工中，针对工程特点、施工现场环境、施工方法、劳力组织、作业方法使用的机械、动力设备、变配电设施、架设工具及各项安全防护设施等制定的确保安全施工的预防措施，称为施工安全技术措施。施工安全技术措施是施工组织设计的重要组成部分。安全工程师在施工现场进行安全管理的任务有：施工前的安全措施落实情况检查、施工过程中的安全检查和管理。

（一）施工安全技术措施

1. 审核要点

水利水电工程施工的安全是一个重要问题，这就要求在每一单位工程和分部工程开工前，监理单位的安全工程师首先要提醒施工承包人注意考虑施工中的施工安全技术措施，施工承包人在施工组织设计或技术措施中，必须充分考虑工程施工的特点，编制具体的施工安全技术措施，尤其是对危险工种要特别强调施工安全技术措施。在审核施工承包人的施工安全技术措施时，其要点如下：

（1）施工安全技术措施要有超前性。应在开工前编制，在工程图纸会审时，就应考虑到施工安全。因为开工前已编审了施工安全技术措施，所以用于该工程的各种安全设施有较充分的时间做准备，以保证各种安全设施的落实。由于工程变更设计情况变化，施工安全技术措施也应及时相应补充完善。

（2）施工安全技术措施要有针对性。施工安全技术措施是针对每项工程特点而制定的，编制施工安全技术措施的技术人员必须掌握工程概况、施工方法、施工环境、施工条件等第一手资料，并熟悉安全法规、标准等，只有这样才能编写出有针对性的施工安全技术措施。编写过程中主要考虑以下几方面：

①针对不同工程的特点可能造成施工的危害，从技术上采取措施，消除危险，保证施工安全。

②针对不同的施工方法，如井巷作业、水上作业、提升吊装、大模板施工等，可能给施工带来不安全因素。

③针对使用的各种机械设备、交配电设施给施工人员可能带来危险因素，从安全保险装置等方面采取的技术措施。

④针对施工中有毒有害、易燃易爆等作业，可能给施工人员造成的危害，采取措施，防止伤害事故。

⑤针对施工现场及周围环境可能给施工人员或周围居民带来危害，以及材料、设备运输带来的不安全因素，从技术上采取措施，予以保护。

（3）注意对施工承包人的施工总平面图进行安全技术要求审查。施工总平面图布置是一项技术性很强的工作，若布置不当，不仅会影响施工进度，造成浪费，还会留下安全隐患。施工总平面图布置安全审查着重审核：易燃、易爆及有毒物质的仓库和加工车间的位置是否符合安全要求；电气线路和设备的布置与各种水平运输、垂直运输线路布置是否符合安全要求；高边坡开挖、洞井开挖布置是否有适合的安全措施。

（4）对方案中采用的新技术、新工艺、新结构、新材料、新设备等，特别要审核有无相应的安全技术操作规程和施工安全技术措施。

2. 常见的施工安全技术措施

对施工承包人的各工种的施工安全技术措施，审核其是否满足《水利水电建筑安装安全技术工作规程》（SD 267—1988）的要求。在施工中，常见的施工安全技术措施有以下几方面：

（1）高空施工安全技术措施

①进入施工现场必须戴安全帽。

②悬空作业必须系安全带。

③高空作业点下方必须设置安全网。

④楼梯口、预留洞口、坑井口等必须设置围栏、盖板或架网。

⑤临时周边应设置围栏式安全网。

⑥脚手架和梯子结构牢固，搭设完毕要办理验收手续。

（2）施工用电安全技术措施

①对常带电设备，要根据其规格、型号、电压等级、周围环境和运行条件，加强保护，防止意外接触，如对裸导线或母线应采取封闭，高挂式设置罩盖等绝缘屏护遮栏，保证安全距离等措施。

②对偶然带电设备，如电机外壳、电动工具等，要采取保护接地或接零、安装漏电保护器等办法。

③检查、修理作业时，应采用标志和信号来帮助作业者做出正确的判断，同时要求他们使用适当的保护用具，防止触电事故发生。

④手持式照明器或危险场所照明设备，要求使用安全电压。

⑤电气开关位置要适当，要有防雷措施，坚持一机一箱，并设门、锁保护。

（3）爆破施工安全技术措施

①充分掌握爆破施工现场周围环境，明确保护范围和重点保护对象。

②正确设计爆破施工方案，明确施工安全技术措施。

③严格炮工持证上岗制度，并努力提高他们的安全意识，要求按章作业。

④装药前，严格检查炮眼深度、孔位、距离是否符合设计方案。

⑤装药后检查孔眼预留堵塞长度是否符合要求，检查覆盖网是否连接牢固。

⑥坚持爆破效果分析制度，通过检查分析来总结经验和教训，制定改进措施和预防措施。

（二）施工前安全措施的落实检查

在施工承包人的施工组织设计或技术措施中，应对安全措施做出计划。由于工期、经费等，这些措施常得不到贯彻落实。因此，安全工程师必须在施工前到现场进行实地检查。检查的办法是将安全措施计划与施工现场情况进行比较，指出存在问题，并督促安全措施的落实。

（三）施工过程中的安全检查

安全检查是发现施工过程中不安全行为和不安全状态的重要途径，是消除事故隐患、落实整改措施、防止事故伤害、改善劳动条件的重要方法。

1. 施工过程中进行的安全检查形式

（1）企业或项目定期组织的安全检查；

（2）各级管理人员的日常巡回检查、专业安全检查；

（3）季节性和节假日安全检查；

（4）班组自我检查、交接检查。

2. 施工过程中进行的安全检查内容

（1）查思想，即检查施工承包人的各级管理人员、技术干部和工人是否树立了“安全第一，预防为主”的思想，是否对安全生产给予足够的重视。

（2）查制度，即检查安全生产的规章制度是否建立、健全和落实。例如，对一些要求持证上岗的特殊工种，上岗工人是否证照齐全。特别是承包人的各职能部门是否切实落实了安全生产的责任制。

（3）查措施，即检查所制定的安全措施是否有针对性，是否进行了施工安全技术措施交底，安全设施和劳动条件是否得到改善。

（4）查隐患。事故隐患是事故发生的根源，大量事故隐患的存在，必然导致事故的发生。因此，安全工程师还必须在查隐患上下功夫，对查出的事故隐患，要提出整改措施，落实整改的时间和人员。

3. 安全检查方法

施工过程中进行安全检查，其常用的方法有一般检查方法和安全检查表法。

（1）一般检查方法：常采用看、听、嗅、问、查、测、验、析等方法。

看：看现场环境和作业条件，看实物和实际操作，看记录和资料等。

听：听汇报、听介绍、听反映、听意见、听机械设备运转响声等。

嗅：对挥发物、腐蚀物等的气味进行辨别。

问：对影响安全的问题详细询问。

查：查明数据、查明问题、查清原因，追查责任。

测：测量、测试、监测。

验：进行必要的试验或化验。

析：分析安全事故的隐患、原因。

（2）安全检查表法。这是一种原始的、初步的定性分析方法，它通过事先拟定的安全检查明细表或清单，对安全生产进行初步诊断和控制。

第六章 水利工程施工中生态环境的保护与发展

生态环境保护作为国家基本国策，在各行各业中，必须把环境保护作为基础，水利工程同样如此。水利工程建设直接影响着江河、湖泊以及周围的自然面貌、生态环境，只有不断解决建设过程中存在的问题，改进设计方案，提高对环境的保护措施，才能让水利工程创造出良好的生态环境，也创造出更多的经济价值。

水利工程是一项烦琐但任重而道远的项目，关乎着我国的农业、电力等方面的发展以及人民的生命、财产安全。在水利工程构建的蓝图中，应该重视生态环境的保护，但在我国的建设过程中，存在着许多影响生态环境的问题，而且刻不容缓，不容小视，只有及时处理管理问题，完善水利工程建设体制，才能让生态环境形成良好循环。

第一节　水土保持与生态环境建设

一、水土保持工程

（一）水土保持工程的研究对象和目的

水土保持工程的研究对象是山丘区和风沙区保护、改良与合理利用水土资源，防止水土流失的工程措施。水土流失的形式包括土壤侵蚀及水的损失。土壤侵蚀除雨滴溅蚀、片蚀、细沟侵蚀、浅沟侵蚀、切沟侵蚀等典型的土壤侵蚀形式外，还包括河岸侵蚀、山洪侵蚀、泥石流侵蚀以及滑坡侵蚀等形式。

水土保持工程的目的在于充分发挥山丘区和风沙区水土资源的生态效益、经济效益和社会效益，改善当地农业生态环境，为发展山丘区、风沙区的生产和建设，整治国土，治理江河，减少水、旱、风沙灾害等服务。

（二）水土保持工程措施

水土保持工程措施是小流域水土保持综合治理措施体系的重要组成部分，主要的工程措施有山坡防治工程、山沟治理工程、山洪排导工程、小型蓄水用水工程等。山坡防治工程的作用在于用改变地形的方法防止坡地水土流失，将雨水和雪水就地拦蓄，使其渗入农地、草地或林地，减少或防止形成坡地径流，增加农作物、牧草以及林木可利用的水分。同时，将未能就地拦蓄的坡地径流引入小型蓄水工程。在有发生重力侵蚀危险的坡地上，可以修筑排水工程或支撑建筑物防止滑坡作用。属于山坡防治工程的措施有梯田、拦水沟埂、水平沟、水平阶水簸箕、鱼鳞坑、山坡截留沟、水窖、蓄水池以及稳定斜坡下游的挡土墙等。

山沟治理工程的作用在于防治沟头前进、沟床下切、沟岸扩张，减缓沟床纵坡，调节山洪洪峰流量，减少山洪或泥石流的固体物质含量，使山洪安全地排泄，对沟口冲击堆不造成灾害。主要措施有沟头防护工程、谷坊工程，以拦蓄调节泥沙为主要目的的各种拦沙坝，以拦泥淤地建设基本农田为目的的淤地坝及沟道护岸工程等。

小型蓄水用水工程的作用在于将坡地径流和地下潜流拦蓄起来，减少水土流失危害，灌溉农田，提高作物产量。工程措施有小水库、蓄水塘坝、淤滩造田、引洪漫地、引水上山等。水土保持工程措施的洪水设计标准根据工程的种类、防护对象的重要性来确定。坡面工程均按 5～10 年一遇 24 h 最大暴雨标准设计。治沟工程及小型蓄水工程防洪标准根据工程种类、工程规模确定。淤地坝、拦沙坝、小型水库一般按 10～20 年一遇的洪水设计，50～100 年一遇的洪水校核。引洪漫地工程一般按 5～10 年一遇的洪水设计。

（三）水土保持工程设计原则

为了有效地保护改良与合理利用水土资源，在开展水土保持工程综合治理时，要遵循以下原则：

1. 把防止与调节地表径流放在首位。应设法提高土壤透水性及持水能力，在斜坡上建造拦蓄径流或安全排导的小地形，利用植被调节、吸收或分散径流的侵蚀能力。以预防侵蚀发生为主，使保水和保土相结合。

2. 提高土壤的抗蚀能力。应当采用整地、增施有机肥料、种植根系固土作用强的作物、施用土壤聚合物等。

3. 重视植被的环境保护作用。营造水土保持林，调节径流，防止侵蚀，改善小气候，保护生物多样性。

4. 因地制宜，采用综合措施防止水土流失。针对不同的水土流失类型区的自然条件制定不同的综合措施，提出保护改良与合理利用水土资源的合理方案。

5. 生态–经济效益兼优的原则。在设计水土保持综合治理措施体系过程中，应当提出多种方案，选用生态–经济效益兼优的方案。在确定水土保持综合治理方案中，全面估计方案实施后的生态效益及经济效益，预测水土保持工程措施对保土作用及环境因素的影响。使发展生产与改善生态环境标准相结合，实现持续发展。

6. 以“可持续发展”的理论指导区域（或流域）的综合整治与经营，是某一区域（或流域）的经济发展建立在区域生态环境不断得以改善的基础上，采用综合措施综合经营区域内（流域内）以水、土为主的各种自然资源，建立优化的区域人工生态经济系统。

（四）水土保持工作内容

1. 挡土墙

挡土墙是指支承路基填土或山坡土体，防止填土或土体变形失稳的构造物。在挡土墙横断面中，与被支承土体直接接触的部位称为墙背，与墙背相对的、临空的部位称为墙面，与地基直接接触的部位称为基底，与基底相对的、墙的顶面称为墙顶，基底的前端称为墙趾，基底的后端称为墙踵。

2. 淤地坝

淤地坝是指在水土流失地区各级沟道中，以拦泥淤地为目的而修建的坝工建筑物，其拦泥淤成的地叫坝地。在流域沟道中，用于淤地生产的坝叫淤地坝或生产坝。淤地坝在拦截泥沙、蓄洪滞洪、减蚀固沟、增地增收促进农村生产条件和生态环境改善等方面发挥了显著的生态效益、社会效益和经济效益。它的作用可归纳为以下几方面：

（1）拦泥保土，减少入黄泥沙。

（2）淤地造田，提高粮食产量。

（3）防洪碱灾，保护下游安全。

（4）合理利用水资源，解决人畜饮水问题。

（5）优化土地利用结构，促进退耕还林还草和农村经济发展。

3. 排水工程

排水工程可减免地表水和地下水对坡体稳定性的不利影响，一方面能提高现有条件下坡体的稳定性，另一方面允许坡度增加而不降低坡体稳定性。排水工程包括排除地表水工程和排除地下水工程。

（1）排除地表水工程

排除地表水工程的作用，一是拦截病害斜坡以外的地表水，二是防止病害斜坡内的地表水大量渗入，并尽快汇集排走。它包括防渗工程和水沟工程。

防渗工程包括整平夯实和铺盖阻水，可以防止雨水、泉水和池水的渗透。当斜坡上有松散易渗水的土体分布时，应填平坑洼和裂缝并整平夯实。铺盖阻水是一种大面积防止地表水渗入坡体的措施，铺盖材料有黏土、混凝土和水泥砂浆；黏土一般用于较缓的坡。坡上的坑凹、陡坎、深沟可堆渣填平（若黏土丰富，最好用黏土填平），使坡面平整，以便夯实铺盖。铺土要均匀，厚度为1~5 m，一般为水头的1/10。有破碎岩体裸露的斜坡，可用水泥砂浆勾缝抹面。水上斜坡铺盖后，可栽植植物以防水流冲刷。坡体排水地段不能铺盖，以免阻挡地下水外流造成渗透水压力。

水沟工程包括截水沟和排水沟。截水沟布置在病害斜坡范围外，拦截旁引地表径流，防止地表水向病害斜坡汇集。排水沟布置在病害斜坡上，一般呈树枝状，充分利用自然沟谷。在斜坡的湿地和泉水出露处，可设置明沟或渗沟等引水工程将水排走。当坡面较平整，或治理标准较高时，需要开挖集水沟和排水沟，构成排水沟系统。集水沟横贯斜坡，可汇集地表水；排水沟比降较大，可将汇集的地表水迅速排出病害斜坡。水沟工程可采用砌石、沥青铺面、半圆形钢筋混凝土槽、半圆形波纹管等形式，有时采用不铺砌的沟渠，其渗透和冲刷较强、效果差些。

（2）排除地下水工程

排除地下水工程的作用是排除和截断渗透水。它包括渗沟、明暗沟、排水孔、排水洞、截水墙等。

渗沟的作用是排除土壤水和支撑局部土体，比如可在滑坡体前缘布设渗沟。有泉眼的斜坡上，渗沟应布置在泉眼附近和潮湿的地方。渗沟深度一般大于2 m，以便充分疏干土壤水。沟底应置于潮湿带以下较稳定的土层内，并应铺砌防渗。渗沟上方应修挡水埂，防止坡面上方水流流入，表面成拱形，以排走坡面流水。

排除浅层（3 m以上）的地下水可用暗沟和明暗沟。暗沟分为集水暗沟和排水暗沟。集水暗沟用来汇集浅层地下水，排水暗沟连接集水暗沟，把汇集的地下水作为地表水排走。暗沟底部布设有孔的钢筋混凝土管波纹管、透水混凝土管或石笼，底部可铺设不透水的杉皮、聚乙烯布或沥青板，侧面和上部设置树枝及砂砾组成的过滤层，以防淤塞。明暗沟即在暗沟上同时修明沟，可以排除滑坡区的浅层地下水和地表水。

排水孔是利用钻孔排除地下水或降低地下水位。排水孔又分垂直孔、仰斜孔和放射孔。垂直孔排水是钻孔穿透含水层，将地下水转移到下伏强透水岩层，从而降低地下水位。仰斜孔排水是用接近水平的钻孔把地下水引出，从而疏干斜坡。仰斜孔施工方便、节省劳力和材料、见效快，当含水层透水性强时效果尤为明显。根据含水类型、地下水埋藏状态和分布情况等布置钻孔，钻孔要穿透主要裂隙组，从而汇集较多的裂隙水。钻孔的仰斜角为10°~15°，根据地下水位确定。若钻孔在松散层中有塌壁堵塞可能，应用镀锌钢滤管、塑料滤管或加固保护孔壁。对含水层透水性差的土质斜坡（如黄土斜坡），可采用沙井和仰斜孔联合排水，即用沙井聚集含水层的地下水，仰斜孔穿连沙井底部将水排出。放射孔排水即排水孔呈放射状布置，它是排水洞的辅助措施。

排水洞的作用是拦截和疏导深层地下水。排水洞分截水隧洞和排水隧洞。截水隧洞修筑在病害斜坡外围，用来拦截旁引补给水；排水隧洞布置在病害斜坡内，用于排泄地下水。滑坡的截水隧洞洞底应低于隔水层顶板，或在坡后部滑动面之下，开挖顶线必须切穿含水层，其衬砌拱顶又必须低于滑动面，截水隧洞的轴线应大致垂直于水流方向。排水隧洞洞底应布置在含水层以下，在滑坡区应位于滑动面以下，平行于滑动方向布置在滑坡前部，根据实际情况选择渗井、渗管、分支隧洞和仰斜排水孔等措施进行配合使用。排水隧洞边墙及拱券应留泄水孔和填反滤层。

如果地下水沿含水层向滑坡区大量流入，可在滑坡区外布设截水墙，将地下水截断，再用仰斜孔排出。注意不要将截水墙修筑在滑坡体上，因为可能诱导发生滑坡。修筑截水墙有两种方法：一是开挖到含水层后修筑墙体，二是灌注法。含水层较浅时用第一种方法，当含水层在2~3 m时采用灌注法较经济。灌注材料有水泥浆和化学药液，当含水层大孔隙多且流量流速小时，用水泥浆较经济，但因黏性大，凝固时间长，压入小孔时需要较大的压力，而灌注速度大时可能在凝固前流失，因此，有时与化学药液混合使用。化学药液可以单独使用，其胶凝时间从几秒到几小时，可以自由调节，黏性也小。具体灌注方法可参阅有关资料。

4. 护岸治滩造田工程

各种类型的河段，在自然情况或受人工控制的条件下，由于水流与河床的相互作用，常造成河岸崩塌而改变河势，危及农田及城镇村庄的安全，破坏水利工程的正常运用，给国民经济带来不利影响。修筑护岸与治河工程的目的，就是抵抗水流冲刷，变水害为水利，为农业生产服务。

（1）护岸工程的目的及种类

防治山洪的护岸工程与一般平原、河流的护岸工程并不完全相同，主要区别在于横向侵蚀使沟岸崩坏后，由于山区较陡，还可能因下部沟岸前坍而引起山崩，因此，护岸工程还必须起到防止山崩的作用。

（2）治滩造田工程

治滩造田就是通过工程措施，将河床缩窄、改道、裁弯取直，在治好的河滩上，用引洪放淤的办法，淤垫出能耕种的土地，以防止河道冲刷，变滩地为良田。

治滩造田是小流域综合治理的一个组成部分，而流域治理的好坏又直接影响治滩造田工程的标准和效益，因此，治滩造田工程不能脱离流域治理规划单独进行。

二、生态环境建设

（一）水利工程的生态效应问题分析

1. 水利工程破坏了河流流域整体性

河流是一个连续的整体，是从源头开始，经多条支流汇集而成的一个合流。当挡潮闸关闭时，拦截地域水含量提升，水位相对差度升高，河流内河沙、有机物等被囤积，整个河流被分割的每段内部，各成分含量明显不同，而且酸碱度、河流含盐度也发生了改变。与此同时，河流两岸河道的形状、状态也有所改动，多次对河流的阻隔，河道逐渐形成新的状态，河床不断提升，产生河堤崩塌的概率逐步提升。

2. 水利工程迫使鱼类改变洄游路线

河流里的鱼群有相应的生活范围以及洄游路程，即鱼类在一年或一生中所进行的周期性定向往返移动。同种鱼往往分为若干种群，每一种群有各自的洄游路线，彼此不相混合。但是，水利工程建设存在对鱼群生命活动考虑不充分，只根据河流治理、防范等进行就地建立水库、堤坝等工程建设问题，导致鱼类的洄游路线发生改变，鱼类的生命活动受到限制，有的鱼类因无法及时做出路线改变和对新环境的适应，从而导致同类鱼种大面积死亡，甚至致使濒临物种走向灭绝。

3. 水利工程改变下游原有环境

水利工程的建立，还影响着河流的水流状态，如温度、水文等。过度控流，水位升高，水流速度降低，有机物等更换速率降低，温度容易升高，造成水内缺氧，水生植物以及动物生存困难，物种之间竞争加剧，出现部分生物逐步消失，再次修复时，困难进一步加剧，对环境的影响是恶性连续循环式的，有待及时完善。同时，水文特性也被工程的建立所干预，只有及时监测水文的变化，做出相应的调控，才能有效地改善下游的生态环境。

4. 水利工程改变生物多样性

站在客观和理性的角度来讲，生物的多样性不仅可以使人类有一个良好的生活环境，而且可以使地球系统处于良好的平衡状态。水利工程对生物多样性的影响是非常大的，不利于保持生物的多样性，一定程度上破坏了生物的原本生活，某些生物因此而灭绝。对于部分水生动物来说，生存在江河之中是它们的生活习性，因为大坝的阻挡而不能游到源头进行繁殖。此外，水库在蓄水或泄水过程中，因为此地正好是鱼虾的产卵场地，就会淹没和破坏它们的产卵地，原有的水生物的水文生存条件就会发生很大程度的改变。某些水生物因不能适应被改变的水文条件，就会威胁到它们的生命。所以，一旦物种灭绝，那么想第二次恢复生物多样性是不可能的。①

（二）水利工程生态问题的解决对策

1. 保证河流流域整体性

不同河流流域的情况不同，环境抵御受干扰的能力也不一样，工程设计人员应该实地考察，掌握该地环境的相关信息，比如，河流周边植被的种类与生存相关要求、河流水流量、河流易断流时节等。根据检测的信息，做出科学、合理的基本判断，结合水利工程建设基础理论，设计出能够保证河流不断流、整体性良好的工程方案，并要使用环保型材料，充分使用先进的技术，完成工程项目的同时也保护了生态环境的现有状态。另外，可以添加检测设备，随时检测河流、河道等的实时动态，及时做出相应的挡潮闸的开关活动，限制规划河流流量的大小，从而达到河流的有效控制。

2. 充分保证鱼类洄游路线

在水利工程建设之前应该进行充分的调研，掌握该河流鱼群是否进行洄游行为、洄游行为的时间段、各类鱼群的洄游对河水本身的要求等鱼群信息，对数据进行整理汇合，并将生态理念与工程建筑相结合，鱼群洄游行为与工程构造相结合，做出科学、合理的工程设计，从而能够不断地完善对鱼群治理的体系。例如，当鱼群进行洄游时，调控挡潮闸，使得上下游连成整体，恢复鱼群洄游路线；当鱼群完成洄游行为，及时关闭挡潮闸，从而恢复蓄水、发电等工程，既帮助鱼群完成了必需的生命活动，使得鱼类生活不受干扰，也不耽搁工程项目的实施。

3. 保证下游环境的可持续发展

下游原有环境有自身的生态圈，工程的建立改变了河流本身的水文，致使下游环境发生对应的质变。只有相关的水文部门实时监测水文的动态，长期记录数据，做好备份工作，出现问题时，将数据与理论相结合，才能及时采取有效的操控手段，得以对水资源进行整治与保护。

---

① 许建贵，胡东亚，郭慧娟．水利工程生态环境效应研究［M］．郑州：黄河水利出版社，2019.

4. 保证生物多样性受到更少影响

针对此现状，需要提升相关施工人员的职业素养和业务水平，通过培训来强化他们的环保理念。施工企业在施工过程中，应当保护好水环境，建筑垃圾应合理进行处理，尽量减少水利工程施工对生物多样性的影响。

我国水利工程不断发展，但是存在的问题也日益凸显，必须立即完善水利工程体制，改进工程技术，而且，水利工程建设应该始终本着以生态文明为基础、经济发展为主体的核心价值理念，努力建立资源节约型、环境友好型、技术合理型的高端水利工程体系，得以在防洪、供水、灌溉、发电等多种目标服务方面做到各项兼备，从而使得水利工程走向国际化。

第二节　水利工程施工中的生态环境保护

一、环境安全管理的概念及意义

（一）环境安全管理的概念

环境安全是指在工程项目施工过程中保持施工现场良好的作业环境、卫生环境和工作秩序。环境安全主要包括以下几方面的工作：

1. 规范施工现场的场容，保持作业环境的清洁卫生。

2. 科学组织施工，使生产有序进行。

3. 减少施工对当地居民、过路车辆和人员及环境的影响。

4. 保证职工的安全和身体健康。

环境保护是按照法律法规、各级主管部门和企业的要求，保护和改善作业现场的环境，控制现场的各种粉尘、废水、固体废弃物、噪声、振动等对环境的污染和危害。环境保护也是文明施工的重要内容之一。

（二）现场环境保护的意义

1. 保护和改善施工环境是保证人们身体健康和社会文明的需要。采取专项措施防止粉尘、噪声和水源污染，保护好作业现场及其周围的环境是保证职工和相关人员身体健康、体现社会总体文明的一项利国利民的重要工作。

2. 保护和改善施工现场环境是消除外部干扰、保护施工顺利进行的需要。随着人们的法制观念和自我保护意识的增强，尤其是对距离当地居民或公路等较近的项目，施工扰民和影响交通的问题比较突出，项目部应针对具体情况及时采取防治措施，减少对环境的污染和对他人的干扰，这也是施工生产顺利进行的基本条件。

3. 保护和改善施工环境是现代化大生产的客观要求。现代化施工广泛应用新设备、新技术、新的生产工艺，对环境质量要求很高，若有粉尘或振动超标就可能损坏设备，影响功能发挥，使设备难以发挥作用。

4. 保护和改善施工环境是为了更好地保护人类的生存环境，促进社会与企业的健康、可持续发展。

面对环境污染的巨大挑战，每个公民都有义务和责任保护环境，良好的生存环境也为企业的发展创造了积极条件。

二、水利工程与生态环境的关系

正确处理修建大型水利水电工程与保护生态环境的关系，就必须科学地、实事求是地分析修建大型水利水电工程可能导致什么样的生态环境问题，生态制约的具体表现是什么，并结合实际对具体问题进行具体分析，分清主次，抓住关键，用科学的发展观、人与自然和谐相处的理念正确认识并妥善处理现阶段遇到的问题，确保我国水利事业快速、健康地发展。从普遍意义上讲，水利工程对生态环境的影响归纳起来主要体现在两方面：一是自然环境方面，如水利工程的兴建对水文情势的改变，对泥沙淤积和河道冲刷的变化，对局地气候、水库水温结构、水质、地震、土壤和地下水的影响，对动植物、水域中细菌藻类、鱼类及其水生物的影响，对上、中、下游及河口的影响；二是社会环境方面，如水利工程兴建对人口迁移、土地利用、人群健康和文物古迹保护的影响，以及因防洪、发电、航运、灌溉旅游等产生的环境效益等。

（一）水利工程建设对自然环境的影响

一般情况下，地区性气候状况受大气环流所控制，但修建大、中型水库及灌溉工程后，原先的陆地变成了水体或湿地，使局部地表空气变得较湿润，对局部小气候会产生一定的影响，主要表现在对降雨、气温、风和雾等气象因子的影响。

（二）水库修建后改变了下游河道的流量过程，从而对周围环境造成影响

水库不仅存蓄了汛期洪水，而且截流了非汛期的基流，往往会使下游河道水位大幅度下降甚至断流，并引起周围地下水位下降，从而带来一系列的环境生态问题。

（三）对水体的影响

河流中原本流动的水在水库里停滞后便会发生一些变化。首先是对航运的影响，比如过船闸需要时间，从而给上行、下行航速带来影响；水库水温有可能升高，水质可能变差，特别是水库的沟汊中容易发生水污染；水库蓄水后，随着水面的扩大，蒸发量的增加，水汽、水雾就会增多等。这些都是修坝后水体变化带来的影响。水库蓄水后，对水质可产生正负两方面的影响。有利影响：库内大体积水体流速慢，滞留时间长，有利于悬浮物的沉降，可使水体的浊度、色度降低。不利影响：库内流速慢，藻类活动频繁，呼吸作用产生的 CO_2 与水中钙、镁离子结合产生 CaCO 和 MgCO，并沉淀下来，降低了水体硬度，使得水库水体自净能力比河流弱；库内水流流速小，透明度增大，有利于藻类光合作用，坝前储存数月甚至几年的水，因藻类大量生长而导致富营养化。

（四）对地质的影响

修建大坝后可能会诱发地震、塌岸、滑坡等不良地质灾害。大型水库蓄水后可诱发地震。其主要原因在于水体压重引起地壳应力的增加；水渗入断层，可导致断层之间的润滑程度增加；增加岩层中孔隙水压力，库岸产生滑塌。水库蓄水后水位升高，岸坡土体的抗剪强度降低，易发生塌方、山体滑坡及危险岩体的失稳。水库渗漏造成周围的水文条件发生变化，若水库为污水库或尾矿水库，则渗漏易造成周围地区和地下水体的污染。

（五）对土壤的影响

水利工程建设对土壤环境的影响也是有利有弊的，一方面通过筑堤建库、疏通河道等措施，保护农田免受淹没冲刷等灾害，通过拦截天然径流、调节地表径流等措施补充了土壤的水分，改善了土壤的养分和内热状况；另一方面水利工程的兴建也使下游平原的淤泥肥源减少，土壤肥力下降。同时，输水渠道两岸渗漏使地下水位抬高，造成大面积土壤的次生盐碱化和沼泽化。

（六）对动植物和水生生物的影响

修筑堤坝将使鱼类特别是洄游性鱼类的正常生活习性受到影响，生活环境被打破，严重的会造成灭绝。如长江葛洲坝，下泄流量为 41 300~77 500 m^3/s，氧饱和度为 112%~127%，氨饱和度为 125%~135%，致使幼鱼死亡率达 2.24%。水利工程建设使自然河流出现了渠道化和非连续化态势，这种情况造成库区内原有的森林、草地或农田被淹没水底，陆生动物被迫迁徙。

三、水利施工环境保护

（一）确立环境保护目标，建立环境保护体系

施工企业在施工过程中要认真贯彻落实国家有关环境保护的法律、法规和规章，做好施工区域的环境保护工作，对施工区域外的植物、树木尽量维持原状，防止由于工程施工造成施工区附近地区的环境污染，加强开挖边坡治理防止冲刷和水土流失。积极开展尘、毒、噪声治理，合理排放废渣、生活污水和施工废水，最大限度地减少施工活动给周围环境造成的不利影响。

施工企业应建立由项目经理领导，生产副经理具体管理、各职能部门（工程管理部、机电物资部、质量安全部等）参与管理的环境保护体系。其中工程管理部负责制定项目环保措施和分项工程的环保方案，解决施工中出现的污染环境的技术问题，合理安排生产，组织各项环保技术措施的实施，减少对环境的干扰；质量安全部督促施工全过程的环保工作和不符合项的纠正，监督各项环保措施的落实；其他各部门按其管辖范围，分别负责组织对施工人员的环境保护培训和考核，保证进场施工人员的文明和技术素质，严格执行有毒有害气体、危险物品的管理和领用制度，负责各种施工材料的节约和回收等。

（二）环境保护措施

工程开工前，施工单位要编制详细的施工区和生活区的环境保护措施计划，根据具体的施工计划制定出与工程同步的防止施工环境污染的措施，认真做好施工区和生活营地的环境保护工作，防止工程施工造成施工区附近地区的环境污染和破坏。

质量安全部全面负责施工区及生活区的环境监测和保护工作，定期对本单位的环境事项及环境参数进行监测，积极配合当地环境保护行政主管部门对施工区和生活营地进行的定期或不定期的专项环境监督监测。

1. 防止扰民与污染

（1）工程开工前，编制详细的施工区和生活区的环境保护措施计划，施工方案尽可能减少对环境产生不利影响。

（2）与施工区域附近的居民和团体建立良好的关系。可能造成噪声污染的，事前通知，随时通报施工进展，并设立投诉热线电话。

（3）采取合理的预防措施避免扰民施工作业，以防止公害的产生为主。

（4）采取一切必要的手段防止运输的物料进入场区道路和河道，并安排专人及时

清理。

（5）由于施工活动引起的污染，采取有效的措施加以控制。

2. 保护空气质量

（1）减少开挖过程中产生大气污染的防治措施。

①尽量采用凿裂法施工。工程开挖施工中，表层土和砂卵石覆盖层可以用一般常用的挖掘机械直接挖装，对岩石层的开挖尽量采用凿裂法施工，或者采用凿裂法适当辅以钻爆法施工，降低产尘率。

②钻孔和爆破过程中减少粉尘污染的具体措施。钻机安装除尘装置，减少粉尘；运用产尘较少的爆破技术，如正确运用预裂爆破、光面爆破或缓冲爆破技术，深孔微差挤压爆破技术等，都能起到减尘作用。

③湿法作业。凿裂和钻孔施工尽量采用湿法作业，减少粉尘。

（2）水泥、粉煤灰的防泄漏措施。在水泥、粉煤灰运输装卸过程中，保持良好的密封状态，并由密封系统从罐车卸载到储存罐，储存罐安装警报器，所有出口配置袋式过滤器，并定期对其密封性能进行检查和维修。

（3）混凝土拌和系统防尘措施。混凝土拌和楼安装了除尘器，在拌和楼生产过程中，除尘设施同时运转使用。制定除尘器的使用、维护和检修制度及规程，使其始终保持良好的工作状态。

（4）机械车辆使用过程中，加强维修和保养，防止汽油、柴油、机油的泄漏，保证进气、排气系统畅通。

（5）运输车辆及施工机械，使用 0 号柴油和无铅汽油等优质燃料，减少有毒、有害气体的排放量。

（6）采取一切措施尽可能防止运输车辆将砂石、混凝土、石碴等撒落在施工道路及工区场地上，安排专人及时进行清扫。场内施工道路保持路面平整，排水畅通，并经常检查、维护及保养。晴天洒水除尘，道路每天洒水不少于 4 次，施工现场不少于 2 次。

（7）不在施工区内焚烧会产生有毒或恶臭气体的物质。因工作需要时，报请当地环境行政主管部门同意，采取防治措施，方可实施。

3. 加强水质保护

（1）砂石料加工系统生产废水的处理。生产废水经沉淀池沉淀，去除粗颗粒物后，再进入反应池及沉淀池，为保护当地水质，实现废水回用零排放，在沉淀池后设置调节池及抽水泵，将经过处理后的水引入调节池储存，采取废水回收循环重复利用，损耗水从河中抽水补充，与废水一并处理再用。在沉淀池附近设置干化池，沉淀后的泥浆和细砂由污水管输送到干化池，经干化后运往附近的渣场。

（2）混凝土拌和楼生产废水集中后经沉淀池二级沉淀，充分处理后回收循环使用，沉淀的泥浆定期清理送到渣场。

（3）机修含油废水一律不直接排入水体，集中后经油水分离器处理，出水中的矿物油浓度达到 5 mg/L 以下，对处理后的废水进行综合利用。

（4）施工场地修建给排水沟、沉淀池，减少泥沙和废渣进入江河。施工前制定施工措施，做到有组织地排水。土石方开挖施工过程中，保护开挖邻近建筑物和边坡的稳定。

（5）施工机械、车辆定时集中清洗。清洗水经集水池沉淀处理后再向外排放。

（6）生产、生活污水采取治理措施，对生产污水按要求设置水沟塞、挡板、沉淀池等净化设施，保证排水达标。生活污水先经化粪池发酵杀菌后，按规定集中处理或由专用管道输送到无危害水域。

（7）每月对排放的污水监测一次，发现排放污水超标，或排污造成水域功能受到实质性影响，立即采取必要治理措施进行纠正处理。

4. 加强噪声控制

（1）严格选用符合国家环保标准的施工机具。尽可能选用低噪声设备，对工程施工中需要使用的运输车辆以及打桩机、混凝土振捣棒等施工机械提前进行噪声监测，对噪声排放不符合国家标准的机械，进行修理或调换，直至达到要求。加强机械设备的日常维护和保养，降低施工噪声对周边环境的影响。

（2）加强交通噪声的控制和管理。合理安排车辆运输时间，限制车速，禁鸣高音喇叭，避免交通噪声污染对敏感区的影响。

（3）合理布置施工场地，隔音降噪。合理布置混凝土及砂浆搅拌机等机械的位置，尽量远离居民区。空压机等产生高噪声的施工机械尽量安排在室内或洞内作业；如不能避免须露天作业，建立隔声屏障或隔声间，以降低施工噪声；对振动大的设备使用减振机座，以降低声源噪声；加强设备的维护和保养。

5. 固体废弃物处理

（1）施工弃渣和生活垃圾以《中华人民共和国固体废物污染环境防治法》为依据，按设计和合同文件要求送至指定弃渣场。

（2）做好弃渣场的综合治理。要采取工程保护措施，避免渣场边坡失稳和弃渣流失。按照批准的弃渣规划有序地堆放和利用弃渣，堆渣前进行表土剥离，并将剥离表土合理堆存。完善渣场地表给排水规划措施，确保开挖和渣场边坡稳定，防止任意倒放弃渣降低河道的泄洪能力以及影响其他承包人的施工和危及下游居民的安全。

（3）施工后期对渣场坡面和顶面进行整治，使场地平顺，利于复耕或覆土绿化。

（4）保持施工区和生活区的环境卫生，在施工区和生活营地设置足够数量的临时垃圾贮存设施，防止垃圾流失，定期将垃圾送至指定垃圾场，按要求进行覆土填埋。

（5）遇有含铅、铬、砷、汞、氰、硫、铜、病原体等有害成分的废渣，经报请当地环保部门批准，在环保人员指导下进行处理。

6. 水土保持

（1）按设计和合同要求合理利用土地。不因堆料、运输或临时建筑而占用合同规定以外的土地，施工作业时表面土壤妥善保存，临时施工完成后，恢复原来地表面貌或覆土。

（2）施工活动中采取设置给排水沟和完善排水系统等措施，防止水土流失，防止破坏植被和其他环境资源。合理砍伐树木，清除地表余土或其他地物，不乱砍、滥伐林木，不破坏草灌等植被；进行土石方明挖和临时道路施工时，根据地形、地质条件采取工程或生物防护措施，防止边坡失稳、滑坡、坍塌或水土流失；做好弃渣场的治理措施，按照批准的弃渣规划有序地堆放和利用弃渣，防止任意倒放弃渣阻碍河、沟等水道，降低水道的行洪能力。

7. 生态环境保护

（1）尽量避免在工地内造成生态环境破坏或砍伐树木，严禁在工地以外砍伐树木。

（2）在施工过程中，对全体员工加强保护野生动植物的宣传教育，提高保护野生动植物和生态环境的认识，注意保护动植物资源，尽量减轻对现有生态环境的破坏，创造一个新的良性循环的生态环境。不捕猎和砍伐野生植物，不在施工区水域捕捞任何水生动物。

（3）在施工场地内外发现正在使用的鸟巢或动物巢穴及受保护动物，妥善保护，并及时报告有关部门。

（4）施工现场内有特殊意义的树木和野生动物生活，设置必要的围栏并加以保护。

（5）在工程完工后，按要求拆除有必要保留的设施外的施工临时设施，清除施工区和生活区及其附近的施工废弃物，完成环境恢复。

8. 文物保护

（1）对全体员工进行文物保护教育，提高保护文物的意识和初步识别文物的能力。认识到地上、地下文物都归国家所有，任何单位或个人不能据为己有。

（2）施工过程中，发现文物（或疑为文物）时，立即停止施工，采取合理的保护措施，防止移动或破坏，同时将情况立即通知业主和文物主管部门，执行文物管理部门关于处理文物的指示。

施工工地的环境保护工作不仅是施工企业的责任，同时也需要业主的大力支持。在施工组织设计和工程造价中，业主要充分考虑到环境保护因素，并在施工过程中进行有效监督和管理。

第三节 水利工程施工与生态环境的可持续发展

随着经济建设脚步的加快，我国越来越重视能源的开发和利用，水利工程、水电开发得到快速发展。进入21世纪之后，我国加大了水利工程的建设，先后动工新建一大批水电站，通过实现水利工程和水电的滚动式开发，有效降低了石化能源的消耗，提高了我国电力资源的利用水平，为我国的低碳经济做出了贡献。随着水利工程建设规模的逐步扩大，水利工程在为经济提供保障和支援后所表现出来的弊端也逐步显现，并随着建设规模的扩大而逐步增多。水利工程建设在发展中面临的最大问题就是对生态环境的影响，为了保障水利工程的健康发展，提高水利工程的利用效率和减少环境破坏及生态污染，在建设中需要走生态建设和可持续发展的道路，来完善水利工程建设效益。

一、环境与发展问题的理性思考

（一）现代生态道德与生态伦理学

生态道德（ecological morals）是人类在20世纪中叶对日趋严峻的生态环境问题反思和觉醒的产物。面对全球性生态环境问题，许多学者提出了："人类如此对待自然界是道德的吗?""人类社会是否需要一种新的道德，对有关人类的活动行为予以调节呢?"这就是现代生态道德观产生与发展的社会背景。有的学者认为，当今时代是环境革命（environmental revolution）的时代，它是指人们对生态系统及人在其中的地位和作用的认识发生了根本性转变，并由此引发的一系列生产方式、价值观念和伦理规范等社会生活和文化生活的变革。所谓生态道德，是指人类所特殊拥有的，凭借社会舆论、内心信念以维护人与自然生态系统整体和谐发展为目标和善恶标准，在心理意识、情感、观念和行为习惯上调节人与自然关系的规范体系。因此，了解生态伦理学的基本知识，有益于对这种变革的意义和重要性的认识，有益于科学观的树立。

1. 生态伦理学的研究内容

生态道德属于道德的规范体系，它是生态道德意识、生态道德关系和生态道德活动的统一。系统体现生态道德观的是"生态伦理学"（ecological ethics），这是一门阐述关于人与自然关系中生态道德的学科，是生态学与伦理学相互渗透而形成的交叉学科，学科的任务是应用道德手段从整体上协调人与自然的关系。

生态伦理学的研究主要有以下三方面：

（1）研究人对其他人应尽的生态道德义务和责任

“其他人”的含义包括当代人之间和代际的生态道德问题。这部分研究的生态学理论依据是生态环境系统的内在联系性，人类生活的生态系统是相互依存的，也就是说，局部人对环境的态度和行为方式必然对地球上其他大多数人的利益产生影响，提倡全人类的利益是当代人的历史使命。

（2）研究人类对其他生物应尽的生态道德责任和义务

这部分研究的具体内容分为以下三个层次：

①动物伦理学问题，主张对待有感觉的动物的态度和行为具有生态道德意义，无故造成有感觉的动物不必要的痛苦是违反道德行为的。

②生物伦理学问题，主张所有生物都有生命活力，它们也都以各自不同的方式保护自身的生机，生物有其生存权。人类作为道德代理人，应该把对生物的行为纳入道德考虑。

③濒危物种伦理学问题，认为是人类造成了物种的加速灭绝，因此，保护濒危物种和它们的栖息地是人类应承担的责任和义务。

（3）研究人类对地球生态系统的职责和义务

这类研究主要关注以下两方面的问题：

①研究生物个体与生物群落或生命网络之间的整体关系，揭示它们之间机能整体性的特征。

②研究生态过程，揭示水、空气和土壤对人和其他生物的不可取代的价值等，探究既有益于自然动态平衡，又有益于人类生存和发展的生态机制，引导人类文化发展的方向，进而推动对地球生物圈的维护。

由以上可见，生态伦理学的确切地位应属于社会学中的哲学范畴。

2. 生态伦理的某些理论观点

作为一门独立学科，生态伦理的研究内容也在不断丰富，但从环境生态学角度，生态伦理学的下列理论观点是极其重要的。

（1）非人类中心主义的生态伦理观

这一伦理观有许多不同观点和主张，但主要可概括为生物中心主义和生态中心主义。生物中心主义的核心观点，是把价值的焦点归于生命体，包括动物、植物和微生物。代表人物是施韦兹，他认为人类应该崇尚生命，无论什么时候，人类都不应该无故杀害动物，毁灭任何生命形式。人类对其他生命形式的生存和杀害都应该经过伦理学的“滤波”。生物中心主义尊重生命的伦理观，与现代生态科学的科学结论是相同的。按照生态学的理论，自然界不存在无价值的生命，每一物种的存在都占据生态系统中的一个生态位，都值得人类加以保护和尊重。生态中心主义是由 A. 莱奥波尔首先提出的。与 A. 施韦兹的观点不同，他在 1949 年正式发表的《大地伦理学》中，不是着眼于人类对待个体生物的态度和行为，也不是以生物个体（神经）感受痛苦的能力为尺度来划分是否纳入伦理考虑的范畴，而是结合生态学在 20 世纪 40 年代提出的生态系统这一新概念，提出了以自然生态系统中各环境即“大地”健康和完善为尺度的整体观，故又称为地球整体主义。他强调，大地并不是一项商品，而是与人共存的一个“社区”。

（2）人与自然协同进化的生态伦理观

实际上，它是非人类中心主义观点的一种。人与自然协同进化包括两方面：一是反对把地球环境承载能力看成是固定不变的和只有停止经济增长才能与环境保持和谐的观点；二是相信社会可使用科学技术和生产力，按环境演化的客观规律促进环境定向发展，从而增强地球环境的承载能力，即增强社会发展的自然基础，在社会与环境进化的动态过程中寻求协调与和谐。这种定义内涵表述了人与自然相互作用中人的能动性，对人类利用科学技术按照环境演化规律促进定向发展的信心；突出了人与生物的本质区别，提倡在人与自然相互作用中求得和谐与共同发展；主张人与自然协同进化，绝不是主张让人类“回归自然”或“退回自然”，而是提醒人类不要继续坚持已使自身陷入困境的“统治自然”的观念。

人与自然协同进化的伦理观，是确立在人是生物圈整体系统中一个组成部分的基础上，所以人类在与自然的相互作用中不能随心所欲，要承认和关注生物圈整体性对人类行为的选择和制约。这种制约作用是由生态系统中存在的、交织复杂的各种生态关系决定的。具体地说，是生态系统中的四种生态关系在起作用：一是生物个体之间的关系即种内关系；二是个体与种群的关系，包括与同种和不同种的种群的关系；三是不同物种间的关系，这是相互依存和相互制约的复杂关系；四是物种与生态系统整体的关系，也就是生态系统的结构关系。这四种关系的相互交织既是生态平衡和整个生物圈“协同性质”的基础，也是人类需要规范自身行为的原因所在。破坏这种稳态的生态关系，就会带来不良后果。

（二）可持续发展环境伦理观的含义和原则

可持续发展伦理观对现代人类中心主义和非人类中心主义采取了一种整合态度。一方面，它汲取了生命中心论、生态中心论等非人类中心主义关于“生物具有内在价值”的思想，承认自然不仅具有工具价值，也具有内在价值，但又不把内在价值仅归于自然自身，而提高为人与自然和谐统一的整体性质。这样，由于人类和自然是一个和谐统一的整体，那么，不仅是人类，还有自然都应该得到道德关怀。另一方面，可持续发展环境伦理观在人与自然和谐统一整体价值观的基础之上，承认现代人类中心主义关于人类所特有的“能动作用”，承认人类在这个统一整体中占有的“道德代理人”和环境管理者的地位。这样，就避免了非人类中心主义在实践中所带来的困难，使之更具有适用性。

在共同承认自然的固有价值和人类的实践能动作用的基础上，所形成的人与自然和谐统一的整体价值观是可持续发展环境伦理观的理论基础。自然界（包括人类社会在内）是一个有机整体。自然界的组成部分，从物种层次、生态系统层次到生物圈层次都是相互联系、相互作用和相互依赖的。因此，任何生物和自然都拥有其自身的固有价值。生物和自然所拥有的固有价值应当使它们享有道德地位并获得道德关怀，成为道德顾客。可持续发展环境伦理观把道德共同体从人扩大到“人—自然”系统，把道德对象的范围从人类扩大到生物和自然。同时，由于只有人类才具有实践的能动性，具有自觉的道德意识，进行道德选择和做出道德决定，所以只有人是道德的主体。作为道德代理人的人类，应当珍惜和爱护生物和自然，承认它们在一种自然状态中持续存在的价值。因而，人类具有自觉维护生物和自然的责任。

在社会伦理中，正义的原则是首要的原则。环境正义是用正义的原则来规范受人与自然关系影响的人与人之间的伦理道德关系，所建立起来的环境伦理的道德规范系统，是可持续发展环境伦理观的重要内容。作为一种评价社会制度的道德评价标准，可持续发展的环境正义关注人类的合理需要、社会的文明和进步。其主要含义有：一是要求建立可持续发展的环境公正原则，实现人类在环境利益上的公正；二是要求确立公民的环境权。

可持续发展环境公正应当包括国际环境公正、国内环境公正和代际环境公正。

1. 国际环境公正。国际环境公正意味着各地区、各国家享有平等的自然资源的使用权利和可持续发展的权利。建立国际环境公正原则必须考虑到满足世界上贫困人口的基本需要；限制发达国家对自然资源的滥用；世界各国对保护地球负有共同的责任但又有所区别，工业发达国家应承担治理环境污染的主要责任；建立公平的国际政治经济和国际贸易关系以及全球共享资源的公平管理原则。

2. 国内环境公正。一个国家国内的环境不公正现象同样会加剧环境的恶化，造成生态危机。在建立国内环境公平原则的过程中，应该考虑的主要因素包括：消除贫困；自然资源的公平分配；个人和组织环境责任的公平承担；在环境公共政策的制定中重视环境公正和公共资源的公平共享等。

3. 代际环境公正。代际公正原则就是要保证当代人与后代人具有平等的发展机会，它集中表现为资源（社会资源、政治资源、自然资源、资金以及卫生、营养、文化、教育和科技等的人力资源）的合理储存问题。在如何建立代际环境公平储备问题上，学术界提出了诸如建立自然资本的公平储备，实现维持生态的可持续性，实行代际补偿等方法。建立代际环境公正的原则应当考虑到的因素主要有：代际公正的代内解决；当代人对后代人的道德责任；满足代际公正的条件；实现代际公正的基本要求；等等。

确立保护人类的环境权是可持续环境伦理观中另一个社会道德原则。所谓环境权，主要是指人类享有的在健康、舒适的环境中生存的权利。公民的环境权不是一般的生存权，它侧重于人类的持续发展和人与自然的和谐发展。确立保护人类的环境权是社会正义的需要。环境权作为一种道德理念和法律理念已经得到人们的广泛认同，并且在一些国家的宪法中确立成一项人的基本权利。

（三）可持续发展的生态伦理观

可持续发展观及其理论对于环境科学和现代生态学等学科的发展都产生了深刻的影响和巨大的推动。从伦理学角度看，可持续发展观的核心是公平与和谐。公平包括代际公平以及不同地域、不同人群之间的代内公平；和谐则是指全球范围内人与自然的和谐。可持续发展思想的提出，针对的是人与自然和谐关系遭到严重破坏的现实，因此，人与自然和谐的原则是可持续发展的根本原则。根据生态伦理学的观点，这个根本原则的实施还需要明确以下两点：

1. 人有正当的理由介入自然环境中去，即“介入原则”。其理由是，构成世界的所有生物中，只有人具有理性，具备从根本上改变环境的能力，人能够破坏环境，也能够改善环境。

2. 自然环境对人类行为具有制约力，即“制约原则”。因为，人虽具有理性，但还不足以推论出人是宇宙间的唯一目的，是其他一切自然事物的价值源泉。这两点的重要意义是概括了人和自然这个相互依存、相互作用的共同体的基本关系。这些原则就是可持续发展的生态伦理观，正确认识和掌握它们对于可持续发展的实施是重要的。

当前，人类社会的现实发展中，仍有许多违反可持续发展伦理观的行为，而且又缺乏力量有效地抑制或改变这种趋势，因而使某些人对可持续发展的实践产生了怀疑，具体实践中也遇到了一定困难。但是，可持续发展的理论能否实施的问题，其实质是人类自身的理性能否最终战胜非理性的问题。从生态伦理学的角度，“人类有两个家园，一个是他的祖国，另一个就是地球”。可持续发展思想是人类社会生存发展出现危机后，世界各国人民经过认真反思提出来的，它既是人类的需要，又是理性思考的选择。所以，从长远利益看，不合理的发展方式和行为是不能持久的。

二、可持续发展战略——未来人类社会的正确发展道路

（一）可持续发展的基本思想

可持续发展是一个综合概念，是人类社会的一种全新的发展观和发展模式，所以它涉及经济、社会、科技、文化和自然环境等诸多领域。它是以“人与自然和谐发展”为理论基石，以“一定环境条件具有相应承载力”和“资源可以永续利用”为两大理论支柱的社会发展观。具体地说，可持续发展的主要观点有以下内容：

1. 可持续发展的系统观。即当代人类赖以生存的地球及局部区域，是由自然、社会、经济、文化等多种因素组成的复合系统，各种因素之间相互联系、相互制约。

2. 可持续发展的效益观。也就是说，一个可持续发展的资源管理系统，所追求的效益应是系统的整体效益，是经济、社会和生态效益的高度统一。

3. 可持续发展的人口观。主张实现社会的可持续发展，必须把人口保持在合理的增长水平上，特别是注意提高教育、文化水平，在控制人口数量的同时提高人口质量。

4. 可持续发展的资源观。提出要高度重视保护和加强人类生存与发展所依靠的资源，尤其要重视非再生资源利用率和循环利用率，并能采取措施积极促进其再生能力。

5. 可持续发展的经济观。即主张摈弃经济发展过程中使用的高投入、高消耗、高污染的传统生产模式，建立起发展经济与保持生态支持力的可持续发展模式。

6. 可持续发展的技术观。即力图积极发展和推广有利于社会可持续发展的绿色科技，使现有的生产技术得到改造和完善，逐步转向有利于节约资源、保护环境和优质高效的生产模式，保证人类在地球上的长久生存。建立起调控社会生产、生活和生态功能，信息反馈灵敏、决策水平高的管理体制及绿色消费观，促进人与自然的协调发展。

7. 可持续发展的全球观。即“新的全球伙伴关系”，建立起国家经济政策合作的新秩序。

上述观点集中体现了可持续发展的三个基本思想：首先，可持续发展鼓励经济增长，通过经济增长提高当代人的生活水平和社会财富。但可持续发展更追求经济增长的质量和方式，提倡依靠科技来提高经济增长的效益和质量。其次，可持续发展的标志是资源的永续利用和良好的生态环境。强调经济发展是有限制条件的，没有限制就没有可持续发展，经济和社会发展不能超越资源和环境的承载能力。最后，可持续发展的目标是谋求社会的全面进步。可持续发展观认为世界各国的发展阶段和发展目标可以不同，但发展的本质应当包括改善人类生活质量，提高人类健康水平，创造良好的社会环境。可持续发展的这些

思想可概括为：“发展经济是基础，自然生态保护是条件，社会进步是目的。”

（二）可持续发展的基本原则

可持续发展的基本思想又体现了以下三个基本原则：

1. 公平性原则

公平是指机会选择的平等性。可持续发展强调：人类需求和欲望的满足是发展的主要目标，因而应努力消除人类需求方面存在的诸多不公平性因素。可持续发展所追求的公平性原则包含以下两方面的含义：

（1）追求同代人之间的横向公平性，要求满足全球全体人民的基本需求，并给予全体人民平等性的机会以满足他们实现较好生活的愿望。贫富悬殊、两极分化的世界难以实现真正的“可持续发展”，所以要给世界各国以公平的发展权。

（2）代际公平，即各代人之间的纵向公平性。要认识到人类赖以生存与发展的自然资源是有限的，本代人不能因为自己的需求和发展而损害人类世世代代需求的自然资源和自然环境，要给后代人利用自然资源以满足其需求的权利。

2. 可持续性原则

可持续性是指生态系统受到某种干扰时能保持其生产力的能力。资源的永续利用和生态系统的持续利用是人类可持续发展的首要条件，这就要求人类的社会经济发展不应损害支持地球生命的自然系统，不能超越资源与环境的承载能力。

社会对环境资源的消耗包括两方面：耗用资源及排放污染物。为保持发展的可持续性，对可再生资源的使用强度应限制在其最大持续收获量之内，对不可再生资源的使用速度不应超过寻求作为替代品的资源的速度，对环境排放的废物量不应超出环境的自净能力。

3. 共同性原则

不同国家、地区由于地域、文化等方面的差异及现阶段发展水平的制约，执行可持续发展的政策与实施步骤并不统一，但实现可持续发展这个总目标及应遵循的公平性及持续性两个原则是相同的，最终目的都是促进人类之间及人类与自然之间的和谐发展。

因此，共同性原则有两方面的含义：一是发展目标的共同性，这个目标就是保持地球生态系统的安全，并以最合理的利用方式为整个人类谋福利；二是行动的共同性，因为生态环境方面的许多问题实际上是没有国界的，必须开展全球合作，而全球经济发展不平衡也是全世界的事。

（三）实施可持续发展战略的对策与行动

可持续发展战略已被世界各国所认同，为推动这一战略的实施，许多国家都结合本国的国情，采取了积极的措施和行动。

1. 加强国际合作，共同解决全球性环境问题

生态环境恶化和污染由区域性扩展为全球性的发展趋势，使世界各国都认识到，本国的生态安全与其他国家的生态安全是高度一致的。世界性环境问题的解决，如水污染、大气污染等均不受国界的限制，仅靠一个国家的力量不足以保护地球生物多样性和全球生态系统的整体性。因此，致力于全球可持续发展，需要加强各国之间的合作，建立新的全球合作关系，包括国家之间直接合作，建立国际组织和订立国际公约、协定等，这方面的努力现在已发挥了积极作用并收到了明显效果。在联合国的积极努力下，成功地使绝大多数成员国批准并签署了《气候变化框架公约》《维也纳保护臭氧层公约》等国际公约。

2. 强化环境管理，建立经济发展与环境保护相协调的综合决策机制

实施可持续发展的重要条件之一，就是把对环境和资源的保护纳入国家的发展计划和政策中。因此，各国都加强了环境管理和资源利用的全面规划，以防止对资源的不合理或过度开发，防止生态环境质量的继续恶化；积极开展了可持续发展战略、政策、规划的制定，如我国就是世界上最早制定本国 21 世纪议程的国家。许多国家已初步建立了经济发展与环境保护的综合决策机制，协调经济发展与保护环境间的矛盾；许多国家还相当成功地运用市场价格机制，实现对资源的合理配置和对环境的有效管理。建立了资源核算、计价和有偿使用的制度，把生产过程的环境代价纳入生产成本。市场机制又激发了技术进步，提高了资源的使用效率，减少了浪费。世界各国还通过环境关税、废除或给予补贴等经济手段进行宏观调控，以促进对生态环境的保护。

3. 大力推进科技进步

科技进步是经济发展的动力，也是解决经济与环境协调发展的重要途径。进入 21 世纪后，世界各国都充分认识到这一点的重要性，大力推进科技进步，投入了更多的人力和财力，研究和开发无污染或少污染、节水、节能的新技术、新工艺，提高资源利用率；高新技术蓬勃发展，绿色产业方兴未艾。由于科学技术的迅速进步，在解决环境问题和实施可持续发展战略的进程中，出现了明显的四个转向，即环境治理从重视“末端”转向“全过程”的清洁生产；环境保护从单纯的污染防治转向重视资源、生态系统的保护；环境管理从单一部门转向多部门的配合；环境战略从片面地重视环境保护转向经济、社会、生态的全面可持续发展。这四个转向虽因各国经济发展水平不同而存在程度上的差异，但

行动上的积极努力却是令人鼓舞的。

4. 完善法律和法规体系，保障可持续发展战略的实施

法律、法规的建设和完善，是实施可持续发展战略的重要保障条件。环境法规作为调节人与自然关系的手段，通过对行为主体的规范，预防或控制环境污染或生态破坏的发生，同时也是对以资源持续利用和良好生态环境为基础的可持续发展的具体化和制度化。依靠法律、法规和政策加强生态环境保护与建设，是实施可持续发展战略的重要手段。对此各国立法机构和政府都非常重视，如瑞典的《自然资源法》《水法》《环境保护法》《自然保护法》等环境保护法律就十分完善，详细地规定了资源、生态、环境的权属以及每个公民和社会组织的权利、义务。我国也非常重视环境立法工作，现制定并实施的环境法有5部、资源管理法8部，20多项资源管理行政法规和近300项环境标准，初步形成了环境资源保护法律体系。

5. 重视环境教育，提高生态意识

实施可持续发展战略，不断提高人们的生态意识是最根本的。因此，提高全民族可持续发展的意识，培养实施可持续发展所需要的专业人才，是实现可持续发展战略目标的基本条件。正是基于这种认识，世界各国都高度重视对国民的环境教育。我国在加强环境保护和实施可持续发展战略的进程中，已初步建立了从中央到地方的环境宣传教育网络。全国有23个省级、100多个地市级设有环境教育和宣传的专门机构。

6. 积极发展环保产业

实施可持续发展战略，执行严格的环境标准，推动了全球环保产业的形成与发展。环保产业是解决环境污染、改善生态环境、保护自然资源，提高人类生存环境质量的产业、产品和服务业的总称。主要包括，用于环境保护的设备制造、自然保护技术、环境工程建设、环境保护服务等方面的各种行业。在国际上，无论是发达国家还是发展中国家，环保产业都被视为经济的新增长点或振兴经济的重点支柱产业。目前，发达国家在世界环境贸易中仍处于领先地位，世界环保产业的中心也在发达国家。但可喜的是，随着发展中国家对可持续发展和环境保护的进一步重视，环保产业逐步成为产业结构的重点之一。

人类经过反思后，在思想观念、生产活动和生活方式等方面的重要转变对于实施可持续发展战略是极其重要的。经济全球化和生态环境问题的整体性，使世界各国之间相互依存的关系更加紧密。这种相互依存，一方面有利于各国利益的互补与联系，促成了国际合作；另一方面也引发了国际对抗和冲突，这种冲突在可持续发展领域也有明显反映。例如，温室气体排放问题、能源、工业生产、人民福利水准等甚至涉及国家的外交和主权。

因此，实现全球可持续发展的目标仍然存在着错综复杂的利益之争，具体表现在发达国家与发展中国家的利益冲突、发达国家内部的矛盾冲突、发展中国家内部的矛盾冲突三方面。但正如前面已指出的，可持续发展战略代表的是全人类的根本利益，符合宇宙中地球系统运动和变化的自然规律。所以，可持续发展战略的实施，是未来人类社会唯一的正确选择，是未来人类社会的光明所在。

三、水利工程建设与生态环境可持续发展的措施

（一）遵循生态建设标准，提高水利工程的生态建设能力

水利工程的可持续发展是要在满足当代需求和实现水利工程基本作用的前提下，不出现损坏后代发展能力，能持续提供高质量的水利效益。生态建设的可持续发展需要在不产生危害的前提下来改善生活质量，减少生态环境的破坏。进行水利工程建设和开发时，要遵循生态建设的标准和要求，遵守生态环境规范，建设项目要满足可持续发展标准，并做出多项方案进行选择，综合评价环境影响，将正面效益最大化，来降低对环境的影响。

（二）水利工程建设结合环境工程设计，提高生态化水平

进行水利工程设计时，应当充分吸收环境科学技术的理论，达到水质与水量同步，结合水环境污染，设置相对应的防治工程。水利工程中的作用水量，考虑季节变化产生的影响，同时充分利用在雨水季节或枯水季节中不同的应对措施。生态水利要立足水利工程建设和环境生态之上，将水量的高效利用和水质的有效优化进行有机结合，实现水利建设中的生态平衡。

（三）建立科学发展观，合理引导水利工程建设的生态建设

要用科学发展的眼光来规划水利工程建设，转变传统的规划观念，调整开发思路，深入生态建设理念，做好水利工程的生态环境影响评价和保护环境设计，设置相关制度，加强对环境的检测。贯彻全面管理的思想，统筹考虑水利开发的规划管理，通过先进生态技术的支撑，来完善水利建设的生态发展水平，减少对环境的破坏程度。随着社会经济的快速发展，能源的可持续发展是未来面临的主要问题。水利工程建设作为经济发展的重要支柱，要从实际出发，保持和生态建设的同步性，在促进经济发展的同时，要能保证经济发展同保护生态环境步调一致，进一步调整人与环境的关系，实现人与自然的和谐。

参考文献

[1] 卜贵贤．水利工程管理［M］．郑州：黄河水利出版社，2007.

[2] 方朝阳．水利工程施工监理［M］．武汉：武汉大学出版社，2007.

[3] 高喜永，段玉洁，于勉．水利工程施工技术与管理［M］．长春：吉林科学技术出版社，2019.

[4] 贺芳丁，刘荣钊，马成远．水利工程施工设计优化研究［M］．长春：吉林科学技术出版社，2019.

[5] 侯超普．水利工程建设投资控制及合同管理实务［M］．郑州：黄河水利出版社，2018.

[6] 胡先林，黄忠赤，余兵，等．中小型水利水电工程施工管理实务［M］．郑州：黄河水利出版社，2011.

[7] 黄晓林，马会灿．水利工程施工管理与实务［M］．郑州：黄河水利出版社，2012.

[8] 姬志军，邓世顺．水利工程与施工管理［M］．哈尔滨：哈尔滨地图出版社，2019.

[9] 李京文，等．水利工程管理发展战略［M］．北京：方志出版社，2016.

[10] 林彦春，周灵杰，张继宇，等．水利工程施工技术与管理［M］．郑州：黄河水利出版社，2016.

[11] 刘建伟．水利工程施工技术组织与管理［M］．郑州：黄河水利出版社，2015.

[12] 刘庆飞，梁丽．水利工程施工组织与管理［M］．郑州：黄河水利出版社，2013.

[13] 刘勇，郑鹏，王庆．水利工程与公路桥梁施工管理［M］．长春：吉林科学技术出版社，2020.

[14] 龙振华．水利工程建设监理［M］．武汉：华中科技大学出版社，2014.

[15] 苗兴皓，高峰．水利工程施工技术［M］．北京：中国环境出版社，2017.

[16] 史庆军，唐强，冯思远．水利工程施工技术与管理［M］．北京：现代出版社，2019.

[17] 水利部水利建设与管理总站．水利工程建设项目施工投标与承包管理［M］．北京：

中国计划出版社，2006.
[18] 王飞寒，吕桂军，张梦宇．水利工程建设监理实务［M］. 郑州：黄河水利出版社，2015.
[19] 王海雷，王力，李忠才．水利工程管理与施工技术［M］. 北京：九州出版社，2018.
[20] 温随群．水利工程管理［M］. 北京：中央广播电视大学出版社，2002.
[21] 肖一如．水利工程施工与管理［M］. 北京：水利电力出版社，1991.
[22] 谢文鹏，苗兴皓，姜旭民，等．水利工程施工新技术［M］. 北京：中国建材工业出版社，2020.
[23] 许建贵，胡东亚，郭慧娟．水利工程生态环境效应研究［M］. 郑州：黄河水利出版社，2019.
[24] 薛振清．水利工程项目施工管理［M］. 北京：中国环境科学出版社，2013.
[25] 闫文涛，张海东，陈进．水利水电工程施工与项目管理［M］. 长春：吉林科学技术出版社，2020.
[26] 颜宏亮．水利工程施工［M］. 西安：西安交通大学出版社，2015.
[27] 于会泉．水利工程施工与管理［M］. 北京：中国水利水电出版社，2005.
[28] 袁俊周，郭磊，王春艳．水利水电工程与管理研究［M］. 郑州：黄河水利出版社，2019.
[29] 张东方，龚西城．水利工程建设项目的控制与管理［M］. 广州：世界图书广东出版公司，2014.
[30] 张清文，黄森开．水利水电工程施工组织设计实务［M］. 北京：中国水利水电出版社，2007.
[31] 张永昌，谢虹，焦刘霞．基于生态环境的水利工程施工与创新管理［M］. 郑州：黄河水利出版社，2020.
[32] 张玉福．水利工程施工组织与管理［M］. 郑州：黄河水利出版社，2009.
[33] 赵启光．水利工程施工与管理［M］. 郑州：黄河水利出版社，2011.
[34] 赵永前．水利工程施工质量控制与安全管理［M］. 郑州：黄河水利出版社，2020.
[35] 中国水利工程协会组织．水利工程建设投资控制［M］. 北京：中国水利水电出版社，2007.